UTB 8820

W0084728

Eine Arbeitsgemeinschaft der Verlage

Beltz Verlag Weinheim und Basel
Böhlau Verlag Köln · Weimar · Wien
Wilhelm Fink Verlag München
A. Francke Verlag Tübingen und Basel
Paul Haupt Verlag Bern · Stuttgart · Wien
Verlag Leske + Budrich Opladen
Lucius & Lucius Verlagsgesellschaft Stuttgart
Mohr Siebeck Tübingen
C. F. Müller Heidelberg
Ernst Reinhardt Verlag München und Basel
Ferdinand Schöningh Verlag Paderborn · München · Wien · Zürich
Eugen Ulmer Verlag Stuttgart
Vandenhoeck & Ruprecht Göttingen
WUV Facultas · Wien

Thomas Stützel

Botanische Bestimmungsübungen

Praktische Einführung in die Pflanzenbestimmung

Unter Mitarbeit von Matthias Jenny

28 Farbabbildungen
61 Schwarzweißabbildungen
 6 Tabellen

Verlag Eugen Ulmer Stuttgart

Prof. Dr. Thomas Stützel, geb. 1954 in Aalen, ist seit 1992 Professor für Spezielle Botanik und Direktor des Botanischen Gartens der Ruhr-Universität Bochum. Studium der Biologie an der Universität Ulm von 1975 bis 1980, anschließend Promotion bei Prof. F. Weberling an der Universität Ulm. Seine Doktorarbeit hat ihn zu Feldarbeiten nach Süd-Brasilien geführt. Heute beschäftigt er sich vor allem mit der Evolution der Nacktsamer.

Dr. Matthias Jenny, geb. 1952, ist seit 1996 Direktor des Palmengartens in Frankfurt/Main. Studium der Biologie an der Universität Zürich, anschließend Promotion bei Prof. Endress in Zürich. Danach wechselte er als wissenschaftlicher Assistent an die FU Berlin, wo er mit Prof. Frey zusammenarbeitete und 1992 habilitiert wurde. Dann war er einige Zeit als wissenschaftlicher Mitarbeiter an der Ruhr-Universität Bochum tätig, bevor er an die Universität Hamburg in die Arbeitsgruppe von Prof. Kubitzki wechselte.

Die Deutsche Bibliothek – CIP-Einheitsaufnahme

Ein Titeldatensatz für diese Publikation ist bei Der Deutschen Bibliothek erhältlich

ISBN 3-8252-8220-1 (UTB)
ISBN 3-8001-2776-8 (Ulmer)

© 2002 Verlag Eugen Ulmer GmbH & Co.
Wollgrasweg 41, 70599 Stuttgart (Hohenheim)
E-Mail: info@ulmer.de Internet: www.ulmer.de
Lektorat: Sabine Drobik, Dr. Nadja Kneissler
Satz: Typomedia GmbH, Ostfildern
Printed in Germany

ISBN 3-8252-8220-1 (UTB-Bestellnummer)

Vorwort

Die botanischen Bestimmungsübungen sind ein Bestandteil des Grundstudiums, dessen Bedeutung zunimmt, obwohl immer weniger Studienabgänger später auf dem Gebiet der Speziellen Botanik tätig werden. Das liegt vor allem daran, dass die allgemeinen Grundkenntnisse, die beim Eintritt in das Studium mitgebracht werden, immer weniger und vor allem zusammenhangloser werden.

Mein Vorgänger Prof. U. Hamann hat ein kleines Skript zu seinem Kurs entwickelt, um diesem Missstand zu begegnen. Nach inzwischen sechs, zum Teil tief greifenden Überarbeitungen ist vom ursprünglichen Text von Hamann praktisch nichts mehr übriggeblieben. Fast alle Zeichnungen und Diagramme sind eigens von mir neu angefertigt worden. Geblieben ist allerdings das Ziel, durch eine einfache, auf das Wesentliche reduzierte Übersicht den Zugang zu der oft zu Unrecht als schwierig empfundenen Materie zu erleichtern.

Dies geschah vor allem durch eine Fokussierung auf die „12 wichtigsten Familien". Diese Familien enthalten rund 60 % der einheimischen Arten und zusammen mit einigen vegetationsbestimmenden Arten wie der Buche und wichtigen landwirtschaftlichen Nutzpflanzen bilden sie eine Art „Minimalüberblick". Ich bin mir bewusst, dass der Verzicht auf bestimmte Familien (Kürbisgewächse u. a.) Fachleuten und Kollegen vielleicht schwer verzeihlich erscheinen wird. Die Erfahrung zeigt aber, dass es günstiger ist, sich auf ein erreichbares Ziel zu konzentrieren, als einem wünschenswerten, aber unerreichbaren Ziel nachzutrauern.

Die „Botanischen Bestimmungsübungen" wenden sich aber auch bewusst an einen Personenkreis, der sich aus eigener Initiative in die Materie einarbeiten will oder (z. B. als Lehrer) muss. Die meisten der genannten Pflanzen werden auf der Internetseite des Botanischen Gartens Bochum im Bild gezeigt (www.boga. ruhr-uni-bochum.de/) oder sind unter www. floraweb.de auf den Seiten des Bundesamtes für Naturschutz einzusehen. So lässt sich der Umfang (und der Preis) des Buches in vernünftigem Rahmen halten und der Zugang zu weiterem Bildmaterial doch herstellen.

Bei der Konzentration und Reduktion auf das Unverzichtbare wurde ich von meinen Mitarbeitern, insbesondere Dr. M. Jenny und Dr. Iris Mundry unterstützt. Herr Jenny hat sich um vereinheitlichte und vergleichbare Familienbeschreibungen verdient gemacht und große Teile zum Abschnitt „Frucht" beigesteuert. Beim Lesen der Korrekturen haben mich Dr. A. Jagel, Dipl. Biol. M. Mundry und Dipl. Biol. T. Marx unterstützt. M. Mundry hat mit Unterstützung durch Sabine Adler die Grafiken den speziellen Anforderungen des Druckes angepasst.

Durch die neuen technischen Möglichkeiten in Grafik und Textverarbeitung können manche Aufgaben heute durch den Autor übernommen werden, wo das früher nicht der Fall war. Dadurch wird die Angelegenheit aber nicht unbedingt einfacher. Die Zahl der mit dem Verlag abzustimmenden Dinge steigt, und es ist eher eine noch engere Zusammenarbeit und Abstimmung notwendig. Diese Zusammenarbeit hat ausgezeichnet funktioniert. Dafür bin ich dem Verlag Eugen Ulmer und insbesondere Frau Dr. Nadja Kneissler, aber auch ihren Kolleginnen Frau Springorum und Frau Reuter, zu Dank verpflichtet.

Bochum, Februar 2002
Thomas Stützel

Inhaltsverzeichnis

1 Einleitung

Dieses Buch richtet sich vorzugsweise an Studierende der Biologie, eignet sich aber ebenso zur Vertiefung botanischer Grundkenntnisse für interessierte Laien.

Es hat zum Ziel, dem Leser einen Einstieg in die Bestimmungsarbeit und Sicherheit im Umgang mit einem Bestimmungsbuch (Flora) zu geben und das Bestimmen mitteleuropäischer Gefäßpflanzen (= Farn- und Samenpflanzen) zu ermöglichen. Zudem bietet es eine Anleitung zur sorgfältigen makroskopischen und mikroskopischen Analyse von Pflanzen oder Pflanzenteilen und möchte die Schulung der Beobachtungsgabe für kritische Merkmalsvergleiche fördern.

Darüber hinaus soll die Kenntnis der morphologischen und systematischen Grundbegriffe, der botanischen Terminologie und Nomenklatur sowie der Grundlagen der vergleichenden und funktionellen Morphologie als Methode der Verwandtschafts- und Evolutionsforschung vermittelt werden.

Es werden die 12 artenreichsten Angiospermen-Familien der deutschen Flora, einige kleinere aber wichtige weitere Familien und die drei Klassen der mitteleuropäischen Farnpflanzen vorgestellt. Dadurch kann bei typischen Vertretern dieser Gruppen die Zuordnung zur Familie ad hoc richtig erfolgen, auch wenn die Gattung oder Art unbekannt ist.

Ziel ist es weiterhin, dem Leser einen Grundstock von etwa 180 wichtigen, weit verbreiteten einheimischen oder in Deutschland kultivierten Arten (bzw. Gattungen) zu vermitteln.

Diese Artenkenntnis kann natürlich nur durch häufiges Bestimmen in Verbindung mit Geländeexkursionen, oder auch mit Hilfe einer wissenschaftlichen Belegsammlung (Herbarium) erreicht werden. Ergänzend wird deshalb auch die Herstellung eines Herbars mit vollständiger Dokumentation der relevanten Daten und die Verwendung von Herbarexemplaren (Exsikkaten) für wissenschaftliche Arbeiten detailliert beschrieben.

Das Buch gibt außerdem Hinweise auf botanische Standardwerke für Systematik, Morphologie und Geobotanik zur Erleichterung des weiterführenden Selbststudiums.

Arbeitsmittel:

a) Benötigt werden: Präparierbesteck, mindestens bestehend aus 2 spitzen Pinzetten, 2 Präpariernadeln, Rasierklingen, Skalpell (ersatzweise scharfes Taschenmesser); Objektträger und Deckgläser; für die Exkursionen eine Lupe mit 10- bis 15facher Vergrößerung (Lupen mit 3- bis 5facher Vergrößerung, wie sie von Briefmarkensammlern benutzt werden, sind untauglich!).

b) Bestimmt wird mit der Exkursionsflora von ROTHMALER, Bd. 2, 17. Auflage, von BÄSSLER, JÄGER & WERNER (Hrsg.). Zu diesem Werk gibt es einen Atlas (ROTHMALER, Bd. 3), der Strichzeichnungen der meisten Pflanzen mit Detailzeichnungen wesentlicher Merkmale enthält. Dieser Band ist nur in Verbindung mit Band 2 oder 4 zu verwenden und erleichtert das Selbststudium, ist aber nicht unbedingt erforderlich.

Ein weitere Flora ist die Pflanzensoziologische Exkursionsflora für Deutschland und angrenzende Gebiete von E. OBERDORFER, 8. Auflage.

Bebilderte Floren („Bilderbücher") enthalten vielfach keine Bestimmungsschlüssel. Solche Bücher zeigen zumeist nur eine Auswahl von besonders häufigen Arten, ohne auf leicht verwechselbare Arten hinzuweisen. Bilderbücher dieser Art können für den Anfänger eine gute Hilfe sein und erleichtern das Aneignen einer gewissen Artenkenntnis. Mit Bestimmen im eigentlichen Sinn hat diese als „Micky-Maus-Botanik" bezeichnete Arbeitsweise nichts zu tun.

In Gebieten, für die es keine vollständigen Floren oder sogar überhaupt keine Florenwerke gibt, ist der Vergleich mit Abbildungen oder Herbarbelegen unter Umständen die einzige Bestimmungsmöglichkeit. Erfolgreiches Vorgehen nach dieser Technik setzt morphologisch-systematische Vorkenntnisse voraus, die meist erst nach langjähriger intensiver Beschäftigung mit der Materie erreicht werden.

2 Morphologie der Kormophyten (Gefäßpflanzen)

Bei den **Kormophyten** ist der Sporophyt aus den drei Grundorganen Blatt, Sprossachse und Wurzel aufgebaut. Neben dieser Dreigliederung wird gelegentlich auch eine Zweigliederung in Spross und Wurzel vorgenommen, wobei der Spross sowohl die Sprossachse als auch die Blätter umfasst. Nach den in allen drei Grundorganen vorkommenden Leitbündeln (Gefäßbündel mit wasserleitendem Xylem und assimilatleitendem Phloem) werden die Kormophyten auch **Gefäßpflanzen**[1] genannt. Zu ihnen gehören die Farngewächse (Pteridophyta) und die Samenpflanzen (Spermatophyta, unterteilt in Gymnospermen und Angiospermen).

2.1 Bau der vegetativen Organe

2.1.1 Blatt

Bei Samenpflanzen werden die Blätter als seitliche Ausgliederungen unmittelbar am Vegetationsscheitel gebildet und entstehen immer vor anderen Anhangsgebilden der Sprossachse wie zum Beispiel Haaren oder Stacheln. In die Blattfolge können zumindest im vegetativen Bereich niemals sekundär Blätter eingeschoben werden. Dies würde der Erfahrung und dem Hemmfeldkonzept, das als einzige theoretische Grundlage für die Blattstellungslehre verfügbar ist, widersprechen.

2.1.1.1 Bau und Entwicklung

Die verschiedenen Blattformen entstehen durch eine charakteristische Abfolge von Wachstumsphasen, wobei sich interkalares Wachstum, Rand- und Flächenwachstum in unterschiedlicher Weise gegenseitig ablösen. Das junge Blatt oder die Blattanlage wölbt sich vielfach über den Vegetationsscheitel und schützt ihn so mit der vom Scheitel abgewandten Seite. Diese Seite, die nach oben zeigt und beim entwickelten Blatt dann als Rückseite dem von oben schauenden Betrachter abgewandt ist, wird als Dorsalseite, Unterseite oder abaxiale Seite be-

zeichnet. Die dem Scheitel zugewandte Seite, die später dem von oben schauenden Betrachter zugewandt ist, wird Ventralseite, Oberseite oder adaxiale Seite genannt. Das Blatt ist im typischen Fall in **Oberblatt** und **Unterblatt** gegliedert. Das Unterblatt besteht aus dem Blattgrund, der als Scheide ausgebildet sein kann oder zwei Nebenblätter (Stipeln) tragen kann. Das Oberblatt besteht aus Blattstiel und Blattspreite. In der Ontogenie des Blattes differenziert sich der Blattgrund besonders früh, was man an der frühzeitigen Entwicklung der Stipeln erkennen kann. Die Stipeln übernehmen dann häufig eine Funktion als Knospenschutz. So sind bei Buchen die inneren Knospenschuppen die Stipeln der sich im folgenden Jahr entfaltenden Blätter. Sie fallen zu Beginn der Laubentfaltung ab. In anderen Fällen bleiben die Stipeln erhalten, manchmal vergrößern sie sich und dienen wie bei der Erbse der Photosynthese. Das Vorkommen von Stipeln ist immer mit einer charakteristischen Knotenanatomie verbunden und vielfach ein konstantes Familienmerkmal. Das Oberblatt differenziert sich immer später als das Unterblatt mit den Stipeln. Die Streckung des Blattstieles durch interkalares Wachstum bei der Blattentfaltung ist der letzte Schritt der Entwicklung. Das interkalare Wachstum wird durch die im Blattstiel immer parallel verlaufenden und niemals durch seitliche Anastomosen verbundenen Leitbündel dokumentiert.

Bei vielen dikotylen Familien sind **Fiederblätter** verbreitet (Abb. 1). Bei ihnen ist die Spreite aus getrennten Teilen (Fiedern) zusam-

---

1 Vorsicht! Die Verwendung des Begriffs „Gefäß" ist in der Pflanzenanatomie nicht einheitlich. Meist werden nur Tracheen als Gefäße bezeichnet und die Tracheiden ausgeschlossen. Da die Farngewächse (mit wenigen Ausnahmen) und die Gymnospermen keine Tracheen aufweisen, kann man sie nach dieser Definition nicht zu den Gefäßpflanzen rechnen. Gelegentlich wird „Gefäß" aber auch als Sammelbegriff für Tracheen und Tracheiden eingesetzt. Sicherheitshalber sollte man den Begriff „Gefäß" daher nur für Objekte des Alltagslebens (wie Biergläser) einsetzen.

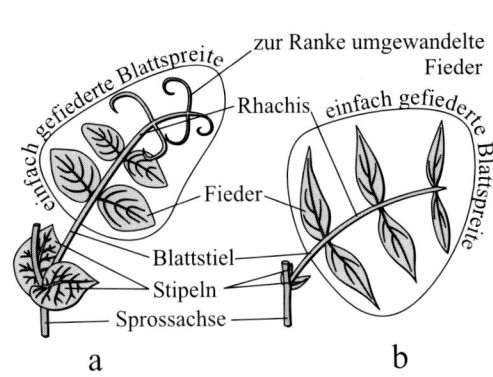

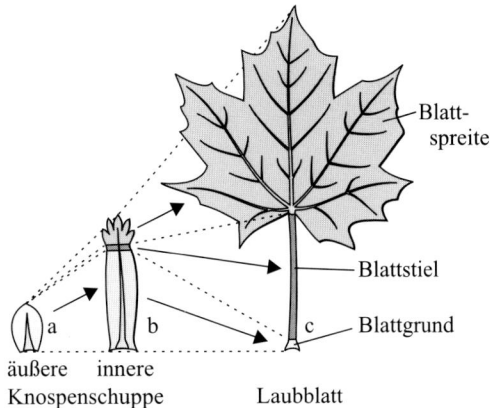

Abb. 1: Fiederblätter.
a – Erbse (*Pisum sativum*), Endabschnitt des Blattes zu einer verzweigten Ranke umgewandelt; b – Frühlings-Platterbse (*Lathyrus vernus*).

Abb. 2: Typische Glieder einer Blattfolge am Beispiel des Spitz-Ahorns (*Acer platanoides*).
a – äußere Knospenschuppe (besteht nur aus dem Blattgrund); b – innere Knospenschuppe (der stark vergrößerte Blattgrund trägt ein Spreitenrudiment); c – Laubblatt (der Blattstiel ist ausgeprägt, der Blattgrund wieder stärker reduziert).

mengesetzt, die längs einer stielartigen Mittelrippe (Spindel, Rhachis) angeordnet sind und oft paarweise gegenüberstehen. Endet die Rhachis in einer Fieder, so ist das Blatt **unpaarig gefiedert** (ungerade Anzahl von Fiedern), endet die Rhachis in einer kleinen Spitze und nicht in einer Fieder, so ist das Blatt **paarig gefiedert** (gerade Anzahl von Fiedern). Wenn die Fiedern nicht in einer Ebene liegen, kann es mitunter schwierig sein zu entscheiden, ob ein Fiederblatt oder eine Seitenachse vorliegt. Zwei Kriterien können hier helfen. Es gibt keine terminalen Blätter, ein unpaarig gefiedertes Blatt kann daher nie mit einem Spross verwechselt werden. Zweitens erfolgt die Verzweigung bei Samenpflanzen immer in der Achsel eines Blattes. Aus der Achsel einer Fieder kann prinzipiell nie eine Verzweigung hervorgehen.

Es gibt zahlreiche Begriffe für die **Blattform** (herzförmig, eiförmig, lanzettlich, einfach gefiedert, doppelt gefiedert usw.) und für die Ausbildung des Blattrandes (gesägt, doppelt gesägt, schrotsägeförmig, gebuchtet, gelappt usw.), die im Einleitungsteil der meisten Bestimmungsbücher mit Abbildungen erläutert werden und dort nachgesehen werden können.

2.1.1.2 Blattfolge
An der Sprossachse werden oft verschieden gestaltete Blätter in charakteristischer Abfolge angelegt. Auf die Keimblätter folgen vielfach zunächst noch keine normalen Laubblätter, sondern einfacher gestaltete, kleinere Niederblätter oder Primärblätter. Auf diese folgen normale Laubblätter (= Folgeblätter) und zur Infloreszenz hin unter Umständen wieder reduzierte, auffallend gefärbte oder in anderer Weise abweichende Blätter, die als Hochblätter (Brakteen) bezeichnet werden. Diese wiederum leiten manchmal fließend über zu den Blütenblättern. Auch zwischen Blütenblättern und Staubblättern gibt es Übergangsbildungen. Staubblätter und Fruchtblätter weichen meist stark von der typischen Blattform ab. Knospenschuppen sind ebenfalls reduzierte Blätter. Die Knospen und damit auch die Knospenschuppen stehen zunächst am Zweigende. Fallen die Knospenschuppen nicht ab, so findet man sie später an der Basis des Jahrestriebes. Knospenschuppen werden allgemein zu den Niederblättern gerechnet, da auf die Knospenschuppen noch normale Laubblätter folgen (Abb. 2), während auf die Hochblätter nur noch Blüte oder Blütenstand folgen (Abb. 3).

2.1.1.3 Blattstellung
Für die Stellung der Blätter sind vor allem zwei Regeln zu beachten. Die **Äquidistanzregel** besagt, dass alle am selben Knoten inserierenden Blätter den gleichen Abstand voneinander ha-

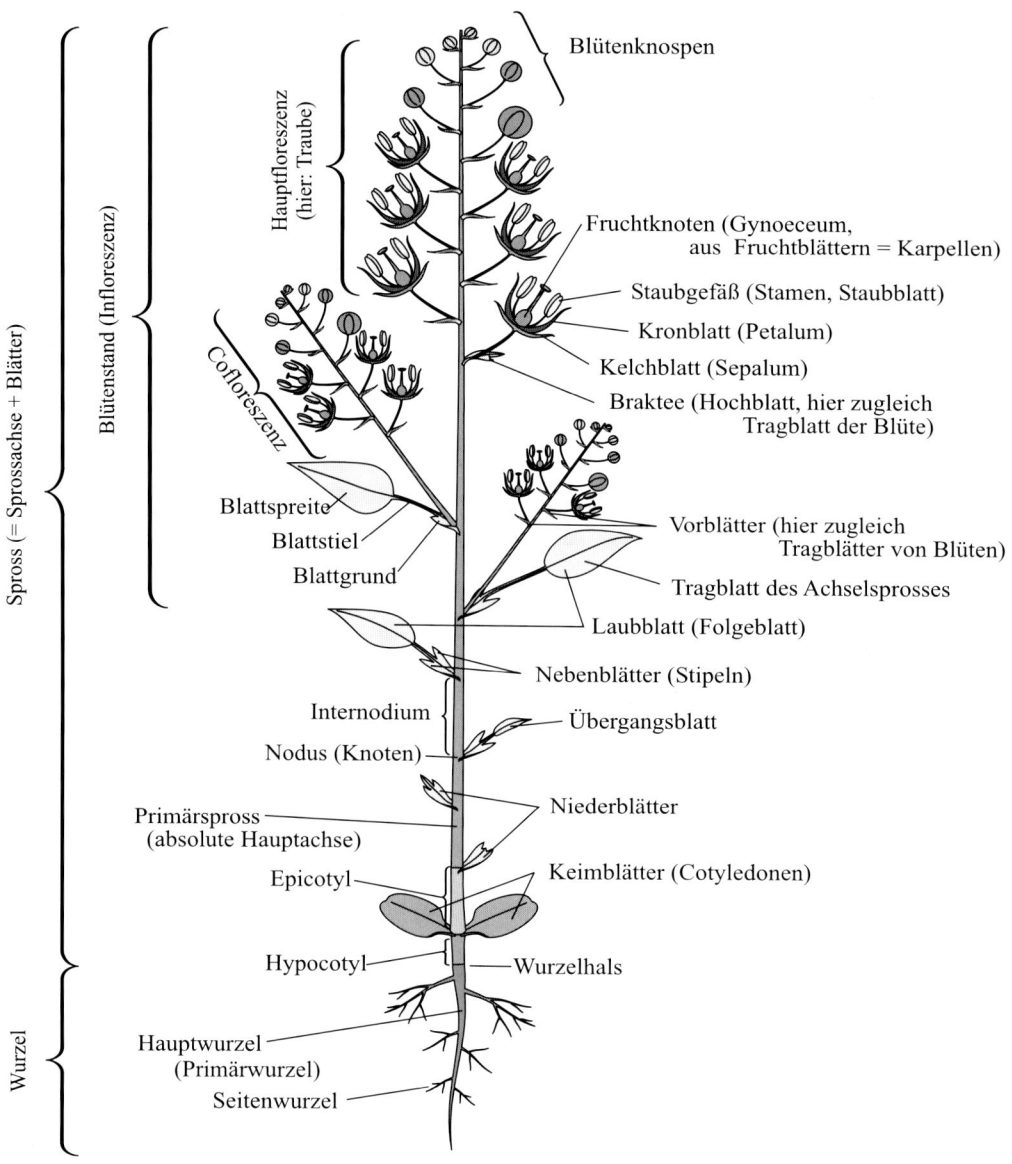

Abb. 3: Schema der Blattfolge im vegetativen Bereich und im Blütenbereich bei einer dikotylen Pflanze.

ben. Bei fünf Blättern an einem Knoten stehen also alle in einem Winkel von 72° zum benachbarten Blatt, bei drei Blättern bilden sie einen Winkel von 120°. Die zweite Regel, die **Alternanzregel**, besagt, dass die Blätter aufeinanderfolgender Knoten immer auf Lücke zueinander stehen. Stehen zum Beispiel fünf Blätter an einem Knoten, so sind die Blätter des folgen-den Knotens um 36° gegen die des vorhergehenden versetzt, alternieren also im Grundriss mit denen des vorhergehenden Knotens. Alternanzregel und Äquidistanzregel sind eine logische Folgerung aus dem **Hemmfeldkonzept** der Blattanlage. Sie sind daher ein wichtiges Bindeglied zwischen Morphologie und Physiologie.

Je nach Stellung der Blätter an einer Achse oder dem Knoten unterscheidet man einige **Blattstellungstypen** (Abb. 4). Stehen mehrere Blätter an einem Knoten, spricht man von wirteliger Stellung. Blätter an einem Knoten sind dann entsprechend der Äquidistanzregel angeordnet, an aufeinander folgenden Knoten entsprechend der Alternanzregel. Für zweizählige Wirtel existiert zur Beschreibung dieses Sachverhaltes der Begriff kreuzgegenständig (am Knoten stehen die Blätter gegenüber, die Blätter zweier aufeinanderfolgender Knoten bilden ein Kreuz).

Steht nur ein einziges Blatt an einem Knoten, so wechselt seine Stellung an aufeinander folgenden Knoten von Knoten zu Knoten, die Blattstellung wird als wechselständig bezeichnet, die Blätter sind an der Achse schraubig bzw. spiralig angeordnet.[2] Der Winkel von Blatt zu Blatt ist dabei meist konstant. Haben zwei aufeinander folgende Blätter den maximalen Alternanzwinkel von 180°, so steht das dritte Blatt wieder genau über dem ersten. Insgesamt ergibt das eine Anordnung in zwei Längszeilen, die man als zweizeilig oder distich bezeichnet. Bei Alternanzwinkeln von 120° oder 90° kommt entsprechend eine tristiche (dreizeilige) oder tetrastiche (vierzeilige) Stellung zustande. Eine senkrecht übereinander stehende Zeile von Blättern wird als Orthostiche bezeichnet.

Als Scheinwirtel werden solche Wirtel bezeichnet, die bei oberflächlicher Betrachtung Wirtel zu sein scheinen. Bei genauer Betrachtung des fertig ausdifferenzierten „Wirtels" lassen sich aber an übereinandergreifenden Rändern der Blattbasen (z. B. Busch-Windröschen, *Anemone nemorosa*) oder an kontinuierlichen morphologischen Unterschieden (Kelch der Rose) die Herkunft von wechselständigen Blättern mit extrem kurzen Internodien noch erkennen. Bei vielen Blüten werden die Blütenorgane zwar in schraubiger Folge angelegt, dies ist aber im ausdifferenzierten Zustand nicht mehr erkennbar. In solchen Fällen spricht man nicht von Scheinwirteln.

Die Blattorientierung kann nachträglich durch Wachstumsbewegungen zum Zweck opti-

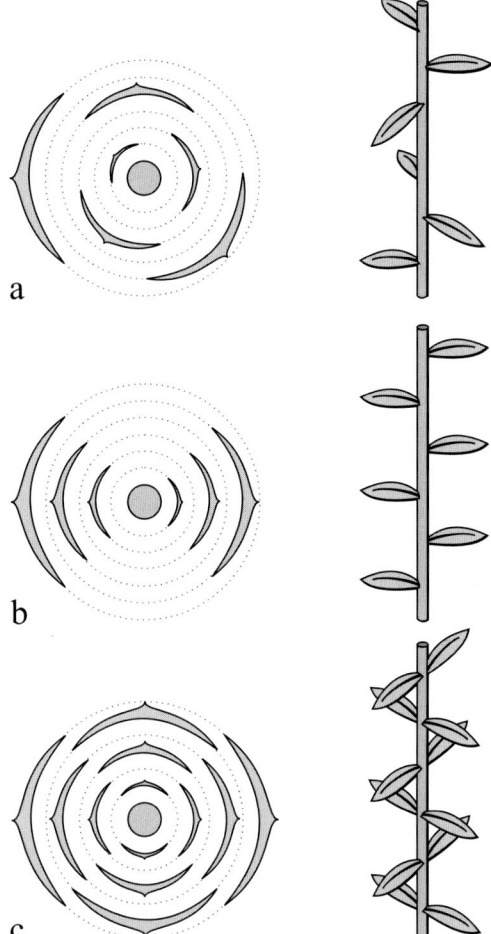

Abb. 4: Blattstellungstypen.
Links Diagramme (jeder Kreis entspricht einem Stängelknoten), rechts Seitenansichten. a, b – wechselständig (= zerstreut = dispergiert; im Beispiel: 2/5-Stellung); b – zweizeilig (distich); c – kreuzgegenständig (dekussiert).

maler Lichtausbeute modifiziert werden (z. B. an waagerecht orientierten Zweigen der Tanne oder an Kriechsprossen des Pfennig-Gilbweiderich, *Lysimachia nummularia*). Zur Ermittlung der Blattstellung ist daher die Insertionsstelle der Blattstiele heranzuziehen.

---

2 Auch Botaniker kennen den Unterschied zwischen einer Spirale und einer Schraube! Da jedoch schraubig stehende Blätter im Grundriss zeichnerisch spiralig dargestellt werden, kann der (falsche) Begriff hier entschuldigt werden.

2.1.1.4 Metamorphosen des Blattes

Blätter können in verschiedener Weise umgewandelt sein. Die bekanntesten Metamorphosen sind **Dornen**[3] (Blattdornen bei der Berberitze, *Berberis*; Stipulardornen bei sukkulenten Euphorbiaceen). Auch zu Speicherorganen können Blätter umgewandelt sein (**Zwiebel**). In extremen Fällen besteht eine Zwiebel nur noch aus einem einzigen Speicherblatt mit einer rekauleszent auf das Blatt verlagerten Achselknospe (Bär-Lauch, *Allium ursinum*). **Blattranken** bei Kletterpflanzen dienen dazu, an anderen Pflanzen oder Gerüsten hochzuklettern. Schließlich können Blätter **sukkulent** werden und in erheblichem Maß Wasser speichern. Der anatomische Aufbau wird dabei unter Umständen gegenüber dem bekannten Normalfall hochgradig abgewandelt (z. B. *Fenestraria*, Fensterblatt). Auch die Organe der Blüte (Kelch„blätter", Kron„blätter", Staub„blätter", Frucht„blätter") sind umgewandelte Blattorgane. Nur bei den Staubgefäßen gibt es hierzu kontroverse Ansichten.

2.1.2 Sprossachse

2.1.2.1 Bau, Entwicklung, Verzweigung

Die Sprossachse entsteht durch apikales Wachstum und verlängert die Achse des Keimlings. Wird das Achselmeristem durch interkalare Wachstumsprozesse gedehnt, so entstehen **Beisprosse**. Beisprosse stehen beieinander in derselben Blattachsel und haben nur ein gemeinsames Tragblatt. Sie können als seriale Beisprosse (Dikotyledonen) in serial aufsteigender Folge (z. B. *Lonicera*), in serial absteigender Folge (z. B. *Rubus*), in biserialer Folge (stärkster ist der mittlere) oder in kollateraler Anordnung[4] (Beisprosse nicht übereinander, sondern nebeneinander; viele Monokotyledonen, aber keine Dikotyledonen) auftreten.

An der Sprossachse inserieren Blätter und **sprossbürtige Wurzeln**. Sprossbürtige Wurzeln entstehen im Gegensatz zu Seitensprossen endogen und durchbrechen Rindengewebe. Sprossbürtige Wurzeln werden häufig bevorzugt an Knoten, direkt über oder unterhalb von Knoten gebildet. Sie können jedoch prinzipiell an beliebiger Stelle auftreten und noch sehr spät in der Ontogenie gebildet werden. So können zum Beispiel viele Jahre alte Weiden (ungeschälte Zaunpfosten) sprossbürtig bewurzelt werden.

Die **Verzweigung** erfolgt bei Samenpflanzen grundsätzlich aus der Achsel von Tragblättern. Auch dort, wo Seitenzweige bei Samenpflanzen nicht in der Achsel von Tragblättern zu stehen scheinen, sind sie immer dort angelegt und sekundär durch interkalare Wachstumsprozesse auf das Internodium (Konkauleszenz) oder auf das Blatt (Rekauleszenz) verlagert worden. Bei Sporenpflanzen ist eine feste Lagebeziehung zwischen Seitenachsen und Blättern meist nicht erkennbar. Die Verzweigung entsteht aber auch dort immer exogen und kann seitlich am Spross erfolgen (viele echte Farne) oder das Apikalmeristem kann sich teilen und eine apikale, dichotome Verzweigung bilden.[5]

Die Stellung von Verzweigungen der Sprossachse wird zweckmäßigerweise durch schematische Grundrisse protokolliert (Abb. 5). Dabei wird immer die **Abstammungsachse** oben (hinten) und das **Tragblatt** unten (vorne) gezeichnet. Die Ebene, die Tragblatt und Abstammungsachse symmetrisch teilt, heißt Medianebene (Mediane), die Ebene, die senkrecht dazu durch den Achselspross geht, heißt Trans-

---

[3] Stacheln sind keine umgewandelten Grundorgane, sondern Emergenzen. Sie werden zeitlich später ausgegliedert als die Blätter und können an der Sprossachse und an Blättern (z. B. an den Blattunterseiten der Brombeere) stehen. In der Umgangssprache wird meist nicht zwischen Dornen und Stacheln unterschieden, und die Stacheln der Rose werden dann „Dornen" genannt, während die Blattdornen der Berberitze oft „Stacheln" genannt werden. In der Botanik ist aber die botanische Terminologie maßgeblich und nicht die Umgangssprache!

[4] Eine Anordnung von Beisprossen in zwei kollateralen Reihen („bikollaterale Beisprosse") gibt es nicht! Bei dem hier immer wieder angeführten Beispiel der Banane handelt es sich in Wirklichkeit um eine schräg gestellte Wickel.

[5] Möglicherweise besteht zwischen der dichotomen Verzweigung der Bärlappe und der seitlichen Verzweigung der Samenpflanzen nur ein gradueller und kein prinzipieller Unterschied. Die hier immer wieder als Beispiel angeführten Bärlappe haben Scheitelmeristeme und keine Scheitelzellen. Wenigstens einer der beiden Fortsetzungstriebe steht dabei immer in der Achsel eines distalen Laubblattes. Untersuchungen an *Selaginella* deuten darauf hin, dass beide Fortsetzungssprosse axillär sind und der Hauptspross – ähnlich wie bei dichasialer Verzweigung – verloren gegangen ist. Bei den echten Farnen ist eine dichotome Verzweigung durch Teilung der Scheitelzelle nicht nachgewiesen, die in Lehrbüchern anzutreffenden Darstellungen beziehen sich auf Verzweigungen von Algenthalli.

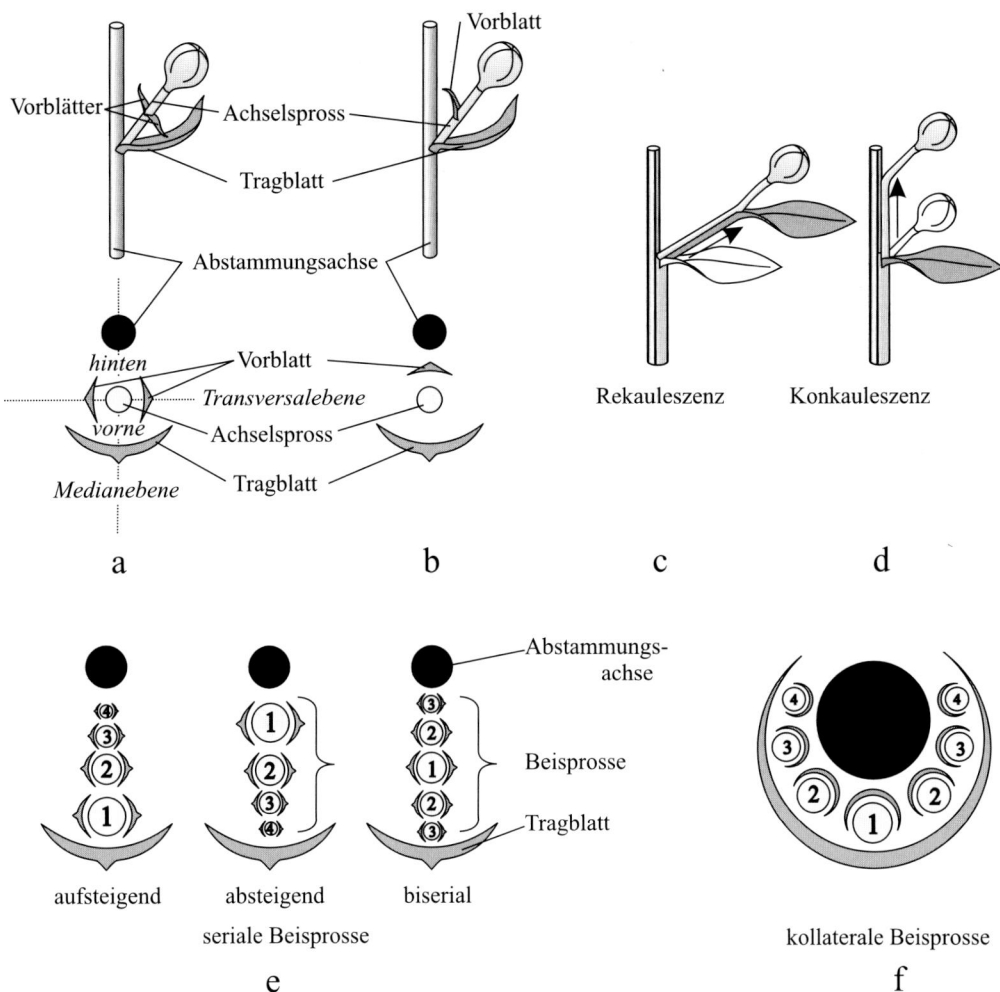

Abb. 5: Verzweigung.
a, b – seitliche Verzweigung in Aufriss und Diagramm; a – für Dikotyledonen mit zwei transversalen Vorblättern, b – für Monokotyledonen mit einem medianen (= adaxialen = adossierten) Vorblatt; c, d – Rekauleszenz und Konkauleszenz: vegetative Seitensprosse können in gleicher Weise verlagert werden; e, f – Beisprossbildung, Beisprosse nummeriert in der Reihenfolge ihrer Bildung.

versalebene (Transversale). Das gleiche Bezugssystem wird auch für Blütendiagramme verwendet.

Die **Förderung von Verzweigungen** wird zweckmäßigerweise durch schematische Aufrisse protokolliert. Stehen die stärksten Seitentriebe in den obersten Blattachseln des Jahrestriebes, so spricht man von akrotoner Förderung (Akrotonie), stehen sie dagegen in den untersten Blattachseln, so spricht man von basitoner Förderung (Basitonie). Eine Förderung mittlerer Seitenzweige eines Sprosssystems be-

zeichnet man als Mesotonie. Bei waagerecht wachsenden (plagiotropen) Seitenachsen können die seitlichen Verzweigungen auf der Unterseite des Astes gefördert sein (Hypotonie), oder die Seitenäste auf der Oberseite sind am stärksten (Epitonie). Sind die nach beiden Seiten wegstehenden Verzweigungen eines plagiotropen Astes gefördert, so spricht man von Amphitonie. Wächst die Keimachse unbegrenzt weiter, so entsteht eine durchgehende, **monopodiale** Achse (Abb. 6). Wird die Achse dagegen von einem nahe der Sprossspitze inse-

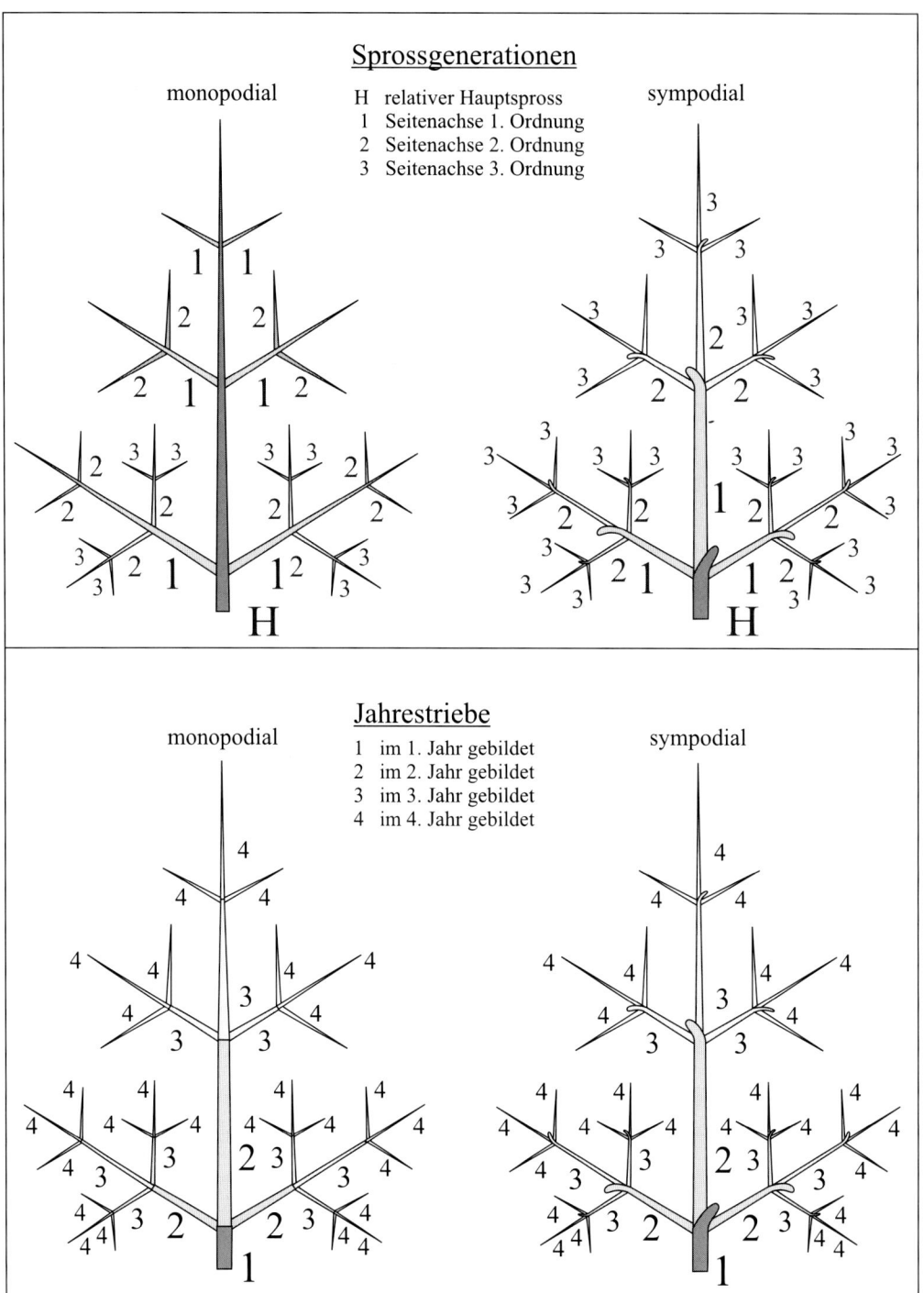

Abb. 6: Monopodiale und sympodiale Verzweigung mit Kennzeichnung der Sprossgenerationen (oben) und der Jahrestriebe (unten).
Da in der Natur oft Jahrestriebe durch ähnliche Färbung der Rinde bzw. Borke besser erkennbar sind als Sprossgenerationen, kann es schwierig sein, den Sprossaufbau richtig zu erkennen.

rierenden kräftigen Seitentrieb fortgesetzt, so entsteht eine durch die Tätigkeit verschiedener Apikalmeristeme gebildete **sympodiale** Achse.

Das Alter von Achsenabschnitten lässt sich vielfach an der auftretenden jahresperiodischen Verzweigungsrhythmik erkennen. Die Grenze zwischen zwei Jahrestrieben wird dabei durch einen abrupten Übergang von kräftigen zu schwachen Seitentrieben gekennzeichnet. Ein besseres und sichereres Indiz sind aber die dicht gedrängten Blattnarben der Knospenschuppen.

Als **Sprossgeneration** wird der Achsenabschnitt bezeichnet, der von einem einzigen Apikalmeristem gebildet wurde. Als **Jahrestrieb** wird der Sprossabschnitt bezeichnet, der in einem Jahr gebildet wurde, unabhängig davon, aus wie vielen Sprossgenerationen er besteht.

Seitenachsen können in **Langtriebe** und **Kurztriebe** differenziert sein. Die Langtriebe haben dabei manchmal nicht nur viel längere Internodien als die Kurztriebe, sondern können auch anders gestaltete Blätter aufweisen (Langtriebblätter, Kurztriebblätter; z. B. *Berberis vulgaris*, *Larix*, *Pinus*). Oft stehen die Blüten ausschließlich an Kurztrieben (z. B. Kirsche, Apfel).

2.1.2.2 Metamorphosen der Sprossachse

Seitliche Verzweigungen (seltener der Hauptspross) können als so genannte **Ausläufer** ausgebildet sein, die entweder blattlos sind oder wenige reduzierte Blättchen aufweisen und nicht verzweigt sind. Ausläufer dienen der vegetativen Vermehrung (z. B. Erdbeere, viele Gräser). Ausläufer können oberirdisch oder unterirdisch verlaufen.

Verdickte Kriechsprosse werden als **Rhizome** bezeichnet. Sie haben Speicherfunktion (*Iris*) und tragen oft reduzierte Niederblätter, aus deren Achsel aber eine Verzweigung erfolgen kann. Durch den Besitz von Blättern unterscheiden sich Rhizome immer eindeutig von Wurzeln. Die im gärtnerischen Bereich gelegentlich anzutreffende Bezeichnung „Wurzelstock" summiert alles, was nahe der Erdoberfläche oder darunter liegt, unabhängig davon, ob es sich um Spross oder Wurzel handelt.

An Sprossen können durch Verdickung aus einem oder mehreren Internodien **Sprossknollen** gebildet werden. Sie dienen der vegetativen Vermehrung oder (und) der Überdauerung von Ruheperioden. Beispiele dafür sind Kartoffel, Kohlrabi und die „Zwiebeln" von Krokus und Gladiole. Kleine Knollen (Bulben) werden als Bulbillen bezeichnet. Sie werden vielfach in der Achsel von Laubblättern gebildet und dienen der vegetativen Ausbreitung, so zum Beispiel die Bulbillen der Zwiebel-Zahnwurz (*Cardamine bulbifera*). Eine Sonderform der Sprossknolle stellt die Hypokotylknolle (z. B. Radieschen) dar, da das Hypokotyl zwar dem Spross zuzurechnen ist, aber kein Internodium darstellt.

Sind an der Bildung der Speicherorgane neben der Sprossachse auch Teile der Wurzel beteiligt, spricht man von **Rüben**, zum Beispiel beim Rettich und der Karotte.

Im Zusammenhang mit xerophytischer Lebensweise werden außer Blättern vielfach auch Sprosse zu **(Spross-)Dornen** umgewandelt.

Bei Lianen kann die Achse windend oder (dann meist Kurztriebe) rankend ausgebildet sein. **Sprossranken**, wie sie beim Wein (*Vitis*) vorkommen, sind dabei sorgfältig von Blattranken (Erbse) zu unterscheiden. Nicht selten ist es bei verzweigten Sprossranken schwierig zu entscheiden, welche Teile Blättern und welche Sprossachsen entsprechen. (Spross = Sprossachse + Blätter!).

Die Sprossachse kann auch **sukkulent** werden und der Wasserspeicherung dienen.

2.1.3 Wurzel

2.1.3.1 Bau und Entwicklung

Die Wurzel ist stets blattlos, hat niemals Spaltöffnungen und ist nur in seltenen Fällen grün (Luftwurzeln mancher Epiphyten). Verzweigungen der Wurzel entstehen stets endogen aus dem Perizykel, das heißt, die Wurzelrinde muss durchbrochen und zerstört werden. In gleicher Weise können an der Wurzel auch wurzelbürtige Sprosse endogen gebildet werden (Schlehe, Zwetschge, Acker-Kratzdistel).[6] Häufiger ist die Bildung von sprossbürtigen Wurzeln, die

---

6 Nicht bei allen so genannten „Wurzelunkräutern" ist aber tatsächlich die Wurzel für die vegetative Vermehrung verantwortlich; vielfach sind es die unterirdischen Ausläufer oder Rhizome (*Aegopodium*, *Elymus*), die bei ungeeigneter Bodenbearbeitung (Hackfräse) zu einer ungewollten Vermehrung und Ausbreitung führen.

ebenfalls endogen (hier im Bereich zwischen Rinde und Zentralzylinder) erfolgt und vielfach auf den Knotenbereich der Sprosse konzentriert ist.

Das Abschlussgewebe der Wurzel (die Rhizodermis) ist kein primäres Abschlussgewebe, hat nie eine Kutikula und geht nicht direkt in die Epidermis des Sprosses über! Das Spitzenmeristem der Wurzel ist durch die Wurzelhaube (Kalyptra) umgeben und geschützt.

Bei Pflanzen, die nicht zu sekundärem Dickenwachstum befähigt sind, ist der Ausbau des Hauptwurzelsystems zwecklos, da alle Stoffe durch das nicht verdickungsfähige Hypocotyl hindurch transportiert werden müssten. Solche Pflanzen (alle Monocotyledonen) bilden reichlich sprossbürtige Wurzeln; die Hauptwurzel degeneriert dagegen früher oder später. Ein solches Wurzelsystem, das unter nachträglichem (sekundärem) Verlust der Hauptwurzel ausschließlich aus sprossbürtigen Wurzeln aufgebaut ist, bezeichnet man als **sekundär homorhiz**. Ein Wurzelsystem, bei dem die Hauptwurzel erhalten bleibt und ein Hauptwurzelsystem ausgebildet wird, nennt man **allorhiz**. Ist eine Hauptwurzel nie gebildet worden (bei den Farnen ist die erste Wurzel bereits eine sprossbürtige Wurzel), so ist das Wurzelsystem von vornherein ausschließlich aus sprossbürtigen Wurzeln gebildet und damit **primär homorhiz**.

2.1.3.2 Metamorphosen der Wurzel

Wurzeln können in auffälliger Weise umgewandelt sein. Eine der häufigsten Metamorphosen ist die Ausbildung von Speicherwurzeln (z. B. Wurzelknollen bei der Grünlilie, *Chlorophytum comosum*; Vorsicht! Rüben bestehen definitionsgemäß aus Wurzel und Hypocotyl, und sind daher nicht nur eine Metamorphose der Wurzel). In seltenen Fällen können sprossbürtige Wurzeln auch zu Dornen umgebildet sein (manche Palmen des tropischen Regenbzw. Nebelwaldes). Häufig ist die Umbildung zu Haft- oder Kletterwurzeln bei Kletterpflanzen und Epiphyten.

2.2 Morphologie des reproduktiven Bereiches

2.2.1 Blüte und Frucht

Die Blüte ist kein Grundorgan. Sie besteht aus einem unverzweigten Spross gestauchten und begrenzten Wachstums sowie aus umgewandelten Blattorganen, welche im Dienst der generativen Fortpflanzung stehen. Es sind dies der Reihe nach Kelchblätter, Kronblätter, Staubblätter (Mikrosporophylle) und Fruchtblätter (Makrosporophylle).[7] Es können Teile dieser Abfolge fehlen, aber nie vertauscht werden!

2.2.1.1 Perianth

Die Blütenhülle (Perianth) ist meist in Kelchblätter (Sepalen) und Kronblätter (Petalen) gegliedert. Sind dagegen alle Blätter des Perianths gleich gestaltet, spricht man von einem Perigon und bezeichnet die einzelnen Glieder als Tepalen.

Die Aufteilung des Perianths in Kelch (Schutzfunktion) und Krone (Schauorgan) ist im Zusammenhang mit der Tierbestäubung mehrfach entstanden. So findet man bei *Helleborus* (Christrose, Nieswurz) ein Perianth, dessen Glieder außen hochblattartig und innen kronblattartig ausgebildet sind; der Übergang ist fließend. Bei der Rose (*Rosa*) oder der Seerose (*Nymphaea*) dagegen findet man alle Übergänge zwischen Kron- und Staubblättern.

Im Zusammenhang mit der Windbestäubung kann das Perianth sekundär reduziert sein, zum Beispiel bei der Brennnessel (*Urtica*) oder der Buche (*Fagus*). Ein Schauorgan ist hier nicht nur überflüssig, sondern behindert das Ausstreuen und Auffangen des Pollens.

2.2.1.2 Androeceum

Der Bereich der Blüte mit **Mikrosporophyllen** (Staubblätter, Stamina) wird Androeceum genannt. In den meisten Fällen stehen die Staubblätter an den Stellen, an denen man sie nach der Alternanz- und der Äquidistanzregel erwar-

---

7 Dem liegt die hier vertretene und weitgehend akzeptierte **Euanthientheorie** zugrunde. Eine abweichende Vorstellung tritt in der so genannten **Pseudanthientheorie** zutage, die ein verzweigtes System mit eingeschlechtigen Blüten als Ausgangspunkt annimmt. Dieser verzweigte Blütenstand soll sich ähnlich dem Cyathium der Euphorbiaceae zu einem starren Typus eines Pseudanthiums weiter entwickelt haben.

ten würde. Manchmal sind einzelne Staubblätter oder ganze Staubblattwirtel verkümmert; nur wenn man sich diese Organe hinzudenkt beziehungsweise in das theoretische Diagramm einzeichnet, ist eine vollständig regelgerechte Stellung gegeben. Manchmal stehen an Stellen, an denen nach der Alternanz- und Äquidistanzregel ein einzelnes Staubblatt (Stamen) erwartet werden müsste, ganze Bündel von Staubblättern. Solche Bündel entstehen ontogenetisch immer sekundär durch nachträgliche Aufspaltung (Dédoublement) einer einzelnen Blattanlage (z. B. beim Johanniskraut, *Hypericum*).[8]

Staubblätter können mit den Kronblättern kongenital[9] verwachsen sein. Bei derartig verwachsenen (sympetalen) Kronen entsteht eine so genannte Kron-Staubblatt-Röhre. Staubblätter können untereinander sowohl kongenital (selten, z. B. *Cyclanthera*) als auch postgenital (Campanulales = Synandrae) verwachsen sein.

Das einzelne **Staubblatt** (Stamen) besteht aus dem Filament (Staubfaden) und einer verdickten Anthere (Abb. 7). Diese ist meist aufgegliedert in zwei Theken, welche durch das Konnektiv miteinander und mit dem Filament verbunden sind. Jede Theke besteht im typischen Fall aus zwei Pollensäcken (Sporangien). Die Anthere ist demnach tetrasporangiat.

Die Zahl der Pollensäcke kann jedoch, wie bei den Malven, auf zwei pro Anthere reduziert sein (bisporangiate Antheren). Es gibt eine ganze Reihe von blütenbiologisch bedeutsamen **Sonderbildungen der Antheren**. So kann die Verbindung zwischen Filament und Konnektiv beweglich sein (versatile Antheren). Bei *Salvia* (Wiesen-Salbei; siehe S. 71) ist die Anthere zu einem komplizierten Hebelmechanismus umgewandelt. Der Pollen wird aus den Antheren

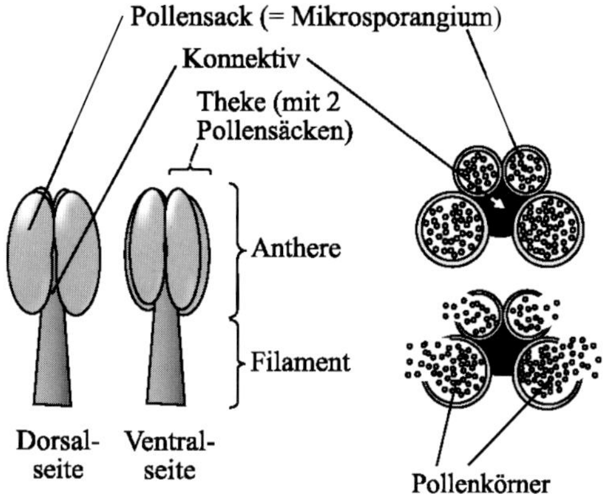

Abb. 7: Typisches Angiospermen-Staubblatt.
Rechts oben: Querschnitt im geschlossenen Zustand; rechts unten: nach Öffnung durch je einen Längsschlitz.

normalerweise durch einen Längsriss entlassen, seltener kommen Poren vor. Im Zusammenhang mit spezialisierten Bestäubungsmechanismen können auch Pollenpakete gebildet werden, in denen viele Pollen zusammengeklebt als so genannte Massulae verbreitet werden. In stark abgeleiteten Familien wird manchmal der ganze Inhalt einer Anthere zu einem Paket verbunden (Pollinium) und als Einheit übertragen. Bei den Orchideen besteht die übertragene Einheit noch zusätzlich aus einem Stielchen und der von der Narbe gebildeten Klebscheibe. Diese Einheit wird dann Pollinarium genannt. Sterile, keinen Pollen bildende Staubblätter werden Staminodien genannt.

2.2.1.3 Gynoeceum

Die Summe aller Fruchtblätter **(Karpelle)** wird als Gynoeceum[10] bezeichnet. Das einzelne

---

8 Die phylogenetische Entstehung wird kontrovers diskutiert. Wenn man die Angiospermen von den Cycadophytina herleitet, ist eine phylogenetisch primäre Polyandrie denkbar. Die Cycadophytina tragen viele Mikrosporangien an der Unterseite der Mikrosporophylle. Der Primärhöcker, aus dem sich z. B. bei der Pfingstrose (*Paeonia*) das Staubblattbündel entwickelt, entspräche dann dem Mikrosporophyll, die einzelnen „Staubblätter" wären gestielte Synangien. Dieses Konzept ist insofern beachtenswert, als manche Systematiker den Ursprung der Angiospermen nicht mehr in den Magnoliaceae sehen, sondern in primitiven Dilleniales, oder den Paeoniaceae ähnlichen Gruppen. Die Polyandrie bei Velloziaceae und Amaryllidaceae wird jedoch allgemein auch als phylogenetisch abgeleitet angesehen.

9 Als **kongenital** wird eine Verwachsung bezeichnet, die bereits bei der Entstehung der beteiligten Organe vorliegt und nicht sekundär aus zunächst freien Organen gebildet wird. „Verwachsung" beschreibt hier also einen Zustand. Der Vorgang der Verwachsung kann bei der kongenitalen Verwachsung nicht beobachtet werden. Die **postgenitale** Verwachsung besteht dagegen in einer nachträglichen Vereinigung zunächst frei angelegter Organe. Die postgenitale Verwachsung kann als Endzustand **und** als Vorgang betrachtet werden.

10 Eigentlich Gynaeceum, es heißt ja auch „Gynäkologie" und nicht „Gynökologie". Die Schreibweise des Wortes ist der Vereinheitlichung mit „Androeceum" zum Opfer gefallen.

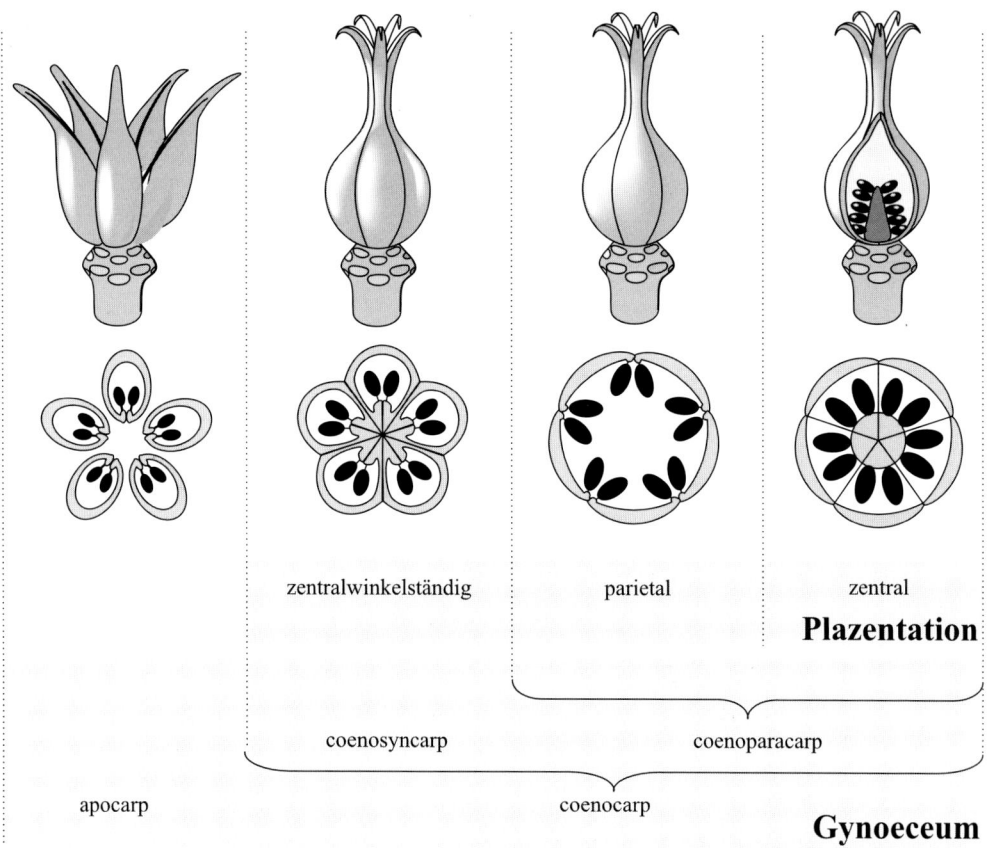

Abb. 8: Wichtige Typen des Gynoeceums und Plazentationsverhältnisse im synkarpen Gynoeceum.

Karpell trägt im basalen Bereich (Ovar) die Plazenten und am distalen Ende ein rezeptives Gewebe zur Aufnahme des Pollens (Narbe). Dazwischen kann ein mehr oder weniger langer, steriler Abschnitt als Griffel eingeschoben sein. Oft sind mehrere Karpelle miteinander verwachsen. Die einzelnen Teile des Gynoeceums werden dann ebenfalls als Ovar, Griffel und Narbe bezeichnet.

Besteht ein Gynoeceum aus nur einem Karpell, wird es als monomer bezeichnet (Leguminosen, Kirsche). Bei mehreren Karpellen werden folgende Möglichkeiten unterschieden (Abb. 8):

a) **Apokarpie** bzw. **Chorikarpie** (apokarpes bzw. chorikarpes Gynoeceum); die Karpelle sind frei (nicht miteinander verwachsen; z. B. Ranunculaceae).

b) **Coenokarpie** (coenokarpes Gynoeceum); zwei oder mehrere Karpelle bilden ein ge-

meinsames kongenital verwachsenes Ovar; im Griffelbereich können die einzelnen Karpelle frei (plesiomorpher bzw. ursprünglicher Zustand) oder ebenfalls verwachsen sein. Im Narbenbereich sind die Karpelle vielfach noch frei, die Anzahl der Karpelle kann dann leicht durch Abzählen der Narbenlappen ermittelt werden. Bei der Coenokarpie unterscheidet man zwei Formen:

Synkarpie (synkarpes oder coenosynkarpes Gynoeceum) liegt vor, wenn der Fruchtknoten durch echte Scheidewände (Septen, verwachsene Flanken benachbarter Karpelle) vollständig gefächert ist. Die Samenanlagen stehen dann zentralwinkelständig.

Parakarpie (parakarpes oder coenoparacarpes Gynoeceum) liegt vor, wenn die Karpelle mit ihren Rändern verwachsen sind und eine einheitliche, nicht gefächerte Ovarhöhle umschließen. Ein parakarpes

Gynoeceum kann sekundär durch falsche Scheidewände[11] (Wucherungen der Plazenten) septiert werden.

Zwischen der synkarpen und der parakarpen Ausbildung gibt es Übergänge. Vielfach sind die Karpelle im basalen Bereich synkarp, weiter distal dagegen parakarp verwachsen (unvollständige Septierung).[12]

Die **Samen** entstehen bei Angiospermen stets aus im Fruchtknoten eingeschlossenen Samenanlagen. Die Samenanlagen stehen dabei mit einem Stielchen (Funiculus) auf **Plazenten**. Die Plazenten befinden sich relativ zum einzelnen Fruchtblatt entweder auf der Fläche (laminale Plazentation, seltener Ausnahmefall) oder am Rand (marginale Plazentation, Normalfall). Relativ zu einem verwachsenen Fruchtknoten aus mehreren Karpellen können sie an der Wand des Fruchtknotens (parietale Plazentation), an einer Zentralplazenta in der Mitte des Fruchtknotens (zentrale Plazentation) oder in der Mitte eines gefächerten Fruchtknotens (zentralwinkelständige Plazentation) stehen.

Die übrigen Blütenorgane können am proximalen Ende des **Fruchtknotens** (unter dem Fruchtknoten) stehen, die Blüte ist dann hypogyn beziehungsweise der Fruchtknoten oberständig. Inserieren die übrigen Blütenorgane distal am Fruchtknoten, so liegt eine epigyne Blüte beziehungsweise ein unterständiger Fruchtknoten vor. Stehen die übrigen Blütenorgane außen am Fruchtknoten etwa in der Äquatorialebene, so liegt eine perigyne Blüte beziehungsweise ein halbunterständiger Fruchtknoten vor. Ein mittelständiger Fruchtknoten ist nicht etwa intermediär zwischen ober- und unterständig (das wäre halbunterständig!), sondern der Fruchtknoten ist von einem Becher umgeben, der als Verwachsungsprodukt von Kelch, Kron- und Staubblattbasen aufgefasst werden kann (z. B. Süß-Kirsche).

2.2.1.4 Frucht

Nach der Befruchtung der Samenanlagen entwickelt sich die Frucht.[13] Manchmal sind an der Fruchtbildung neben dem Gynoeceum auch andere ehemalige Blütenorgane (inklusive der ehemaligen Blütenachse; z. B. Erdbeere) beteiligt. Daraus ergibt sich die Definition „Frucht = Blüte zum Zeitpunkt der Samenreife". In den meisten Fällen bildet allein das Gynoeceum die Frucht. Die Fruchtwand, welche die Samen umgibt, wird **Perikarp** genannt. Das Perikarp ist meist deutlich dreischichtig aus einem Exokarp, einem Mesokarp und einem Endokarp aufgebaut.

Überblick über die wichtigsten Fruchttypen

Zur Blütezeit sind die Samenanlagen der Angiospermen (Bedecktsamer!) in einem Fruchtknoten eingeschlossen. Wegen der Konkurrenz unter den Keimlingen ist es jedoch wichtig, dass die **Samen** vor ihrer Keimung räumlich getrennt werden.[14] Der einfachste Weg, dies zu erreichen, ist die Öffnung der einzelnen Karpelle zur Zeit der Samenreife, wie sie bei den ursprünglichen Angiospermen anzutreffen ist.[15] Eine zunehmende Synorganisation im Dienst der Ausbreitung zeichnet stärker abgeleitete Verwandtschaftskreise aus. Auf einer zweiten Stufe sind es mehrere unverwachsene oder verwachsene Karpelle, welche

---

11 Als Beispiel werden hier vielfach die Brassicaceae angegeben. Wenn der Fruchtknoten nicht, in Anlehnung an die Verhältnisse bei den Papaverales, als aus zwei Karpellen aufgebaut betrachtet wird, sondern, entsprechend der heute angenommenen Verwandtschaft mit den Capparidaceae, erwogen wird, dass er aus vier Karpellen besteht, dann ist die Scheidewand der Brassicaceae keine Bildung der Plazenta, sondern besteht aus Karpellen. Die Scheidewand ist dann nicht falsch, sondern echt.

12 Aus diesem Grunde wird vielfach, vor allem im angelsächsischen Raum, auf eine letztlich nicht konsequent durchführbare Typologie verzichtet. Ohne Einbuße an Genauigkeit kann einfacher unterschieden werden zwischen freien (apokarpen) und verwachsenen (synkarpen) Gynoeceen. Synkarpie entspricht dann der Coenokarpie. Zusätzlich muss jeweils die Art der Plazentation angegeben werden, wie sie im nächsten Abschnitt beschrieben wird. Damit wird vermieden, dass ein Gynoeceum mehreren Typen zugeordnet werden muss.

13 Normalerweise entwickeln sich Früchte nur, wenn sich auch Samen entwickeln. Ausnahmen sind einige gezüchtete Kulturpflanzen, wie die Banane, Ananas oder gewisse Sorten der Apfelsine, welche samenlose Früchte bilden (**Parthenokarpie**).

14 In bestimmten Habitaten, wie z. B. in der Wüste, bietet der Standort der Mutterpflanze oft die besten Überlebenschancen für die nachfolgende Generation, da die Bedingungen in der Umgebung noch schlechter sind. Hier treten daher (phylogenetisch sekundär) zwei Phänomene häufig auf: Die Ausbreitungshemmung (Antitelechorie), bei der die Samenausbreitung behindert wird, und die **Synaptospermie**, bei der die Samen bis zur Keimung zusammengehalten werden. Häufig keimen die Samen in letzterem Falle zeitlich gestaffelt in mehreren Vegetationsperioden hintereinander.

15 Häufig besitzen die Samen solcher Früchte fleischige Anhängsel oder Hüllen, welche die Ausbreitung durch Tiere begünstigen, wie der Arillus der Muskatnuss.

gemeinsam die Ausbreitung der Samen fördern. In stärker abgeleiteten Verwandtschaftskreisen treten andere akzessorische Strukturen der ehemaligen Blüte oder sogar der Blütenstände zu einer funktionellen Einheit zusammen.

Fruchtsysteme können entweder nach morphologischen oder nach funktionellen Kriterien entwickelt werden. Das hier vorgestellte morphologische System wird ergänzt durch ein funktionelles System in Kapitel 3.5. Da sich die Frucht aus der Blüte entwickelt, ist es sinnvoll, die morphologischen Grundtypen des Gynoeceums zur Blütezeit zu übernehmen.[16] Es werden apokarpe Früchte den coenokarpen gegenübergestellt:

A) Apokarpe Früchte

a) Frucht besteht aus mehreren untereinander nicht verwachsenen (freien) Karpellen (= Sammelfrucht):

Sammelbalgfrucht, z. B. *Paeonia* (Pfingstrose)	Karpellöffnung entlang der Bauchnaht.[17]
Sammelnussfrucht, z. B. *Geum* (Nelkenwurz)	Perikarp der Karpelle hart, trocken, öffnet sich nicht.
Sammelsteinfrucht, z. B. *Rubus* (Himbeere, Brombeere)	Die einzelnen Karpelle bilden ein dünnes Exokarp, ein fleischiges Mesokarp und ein hartes Endokarp („Steinkern"). Sie sitzen auf der trockenen Fruchtachse.

b) Frucht besteht aus einem (und damit auch freien) Karpell:

Balg, z. B. *Consolida* (Rittersporn)	Karpellöffnung entlang der Bauchnaht.
Hülse, Frucht der meisten „Hülsenfrüchtler" (Fabales = Leguminosae), z. B. Bohne, Erbse, Linse	Karpellöffnung längs der ganzen Bauch- und Rückennaht.
Beere, z. B. *Actaea* (Christophskraut)	Karpellwand fleischig.
Steinfrucht, z. B. *Prunus* (Kirsche)	Endokarp hart, Mesokarp fleischig, Exokarp häutig.

Synorganisation bei apokarpen Früchten:

Bei den Rosengewächsen kann das Achsengewebe nach der Blütezeit stark anschwellen und fleischig werden. Die einzelnen Karpelle sind in ihrer Größe stark reduziert. Die Attraktion für das ausbreitende Tier wird hier nicht mehr von den Karpellen übernommen. Bei der Erdbeere sitzen diese klein und unauffällig als „Nüsschen" (Sammelnussfrucht) auf der roten, keulenförmigen Achse, bei der Hagebutte versteckt in dem fleischigen Achsenbecher.[18] Beim Apfel sind die einzelnen pergamentartigen Karpelle in die Wand der krugförmigen Blütenachse eingesenkt. Für diese besondere Form einer unterständigen Beere wird der (nicht sehr informative) Begriff „Apfelfrucht" verwendet (siehe dazu auch Abb. 21, S. 54).

---

16 Andere mögliche Einteilungen, wie man sie in Lehrbüchern findet, unterscheiden z. B. primär zwischen Öffnungs- und Schließfrüchten oder zwischen Trocken- und Saftfrüchten.

17 Oft öffnen sich wie bei *Magnolia*-Arten die Karpelle über ihre Spitze hinaus auch im oberen Bereich der Rückennaht.

18 Früher wurden Früchte, bei denen der essbare Anteil nicht von den Karpellen gebildet wird (z. B. Erdbeeren, Hagebutten), als „Scheinfrüchte" bezeichnet. Bezieht man den Begriff „Frucht" aber nicht auf das, was bei der Samenreife aus dem Gynoeceum entsteht, sondern auf die gesamte Blüte zum Zeitpunkt der Samenreife, wird der Begriff „Scheinfrucht" überflüssig.

B) Coenokarpe Früchte

Besteht eine Frucht aus mehreren, verwachsenen Karpellen, sind fast alle oben genannten Fruchttypen ebenfalls möglich.[19] Hinzu kommt jedoch ein weit verbreiteter Fruchttyp, die Kapsel.

Beere z. B. *Ribes* (Johannisbeere)	Das Perikarp aller verwachsenen Karpelle ist fleischig; Frucht öffnet sich nicht.
Steinfrucht z. B. *Sambucus* (Holunder), „Walnuss", „Kokosnuss"	Endokarp der Karpelle hart, Mesokarp fleischig oder faserig, Exokarp häutig; Frucht öffnet sich nicht. Meist mit einem Steinkern und einsamig, seltener mit mehreren Steinkernen.
Nuss z. B. *Corylus* (Haselnuss)	Perikarp hart; Frucht öffnet sich nicht. Auch wenn sie aus mehreren Karpellen besteht, enthält sie (fast) immer nur einen Samen.

Einige Sonderformen der Nuss wurden mit einem speziellen Namen belegt:

– **Karyopse**, die Frucht der Poaceae (Gräser)	Nur die Narbenlappen des einfächrigen (pseudomonomeren), oberständigen Fruchtknotens lassen (zur Blütezeit) auf die Beteiligung von mehr als einem Karpell schließen. Die dünne Samenschale haftet fest an der harten Fruchtwand.
– **Achäne**, die Frucht der Compositae (Korbblütler)	Zwei Karpelle sind zum unterständigen Fruchtknoten verwachsen.[20]
Kapsel	Mehrere verwachsene Fruchtblätter bilden einen Behälter, aus dem durch verschiedene Öffnungsweisen die Samen entlassen werden.
– **scheidewandspaltige** bzw. **septizide Kapsel** z. B. *Hypericum* (Johanniskraut):	Öffnung entlang der Scheidewände zwischen den Karpellen.
– **fachspaltige, loculizide** (= **dorsizide**) **Kapsel** z. B. *Iris*	Öffnung entlang der Rückennähte der Karpelle.
– **porizide Kapsel** z. B. *Papaver* (Mohn)	Öffnung durch kleine Poren.
– **Deckelkapsel** z. B. *Anagallis* (Gauchheil)	Apikale Öffnung über die Karpellgrenzen hinweg durch einen Deckel.
– **fleischige Kapsel** z. B. *Impatiens* (Springkraut)	Perikarp fleischig; Frucht öffnet sich (bei Impatiens explosionsartig).

Synorganisation bei coenokarpen Früchten

In ganz unterschiedlichen Verwandtschaftskreisen wie den Moraceae (Dicotyledonen) mit der Feige (*Ficus*) oder den Bromeliaceae (Monocotyledonen) mit der Ananas verschmelzen ganze **Fruchtstände** zu „Überbeeren". Essbar sind hier nicht nur die coenokarpen Früchte, sondern auch fleischige Teile der ehemaligen Blüten und Blütenachsen.

Spaltfrüchte kommen z. B. bei Apiaceae (Doldenblütler) oder *Acer* (Ahorn) vor: Zur Zeit der Samenreife trennen sich die vormals verwachsenen Karpelle voneinander und bilden einsamige Teilfrüchte.

C) Bruchfrüchte

Unabhängig von der Anzahl und dem Verwachsungsgrad der Karpelle haben sich in

---

19 Ausnahmen sind der Balg und die Hülse, da diese per definitionem aus einem Karpell bestehen.

20 Manchmal werden auch einsamige unterständige Nüsse anderer Familien, z. B. bei Dipsacaceae oder Valerianaceae, als Achänen bezeichnet.

den verschiedensten Verwandtschaftskreisen Früchte entwickelt, die nicht an den morphologischen Grenzen der Karpelle in Teilfrüchte zerfallen. Einige Beispiele:

- **Gliederhülse** bei Vetretern der Fabales (Hülsenfrüchtler): Das Karpell zerfällt in mehrere einsamige Teilfrüchte.
- Bei der **Rahmenhülse**, z. B. *Entada*, *Mimosa*, bleiben Dorsal- und Ventralnaht als Rahmen stehen.
- Optisch ähnlich wie die Gliederhülse, aber aus vier (je nach Interpretation auch zwei) Karpellen bestehend ist die **Gliederschote**, z. B. *Raphanus* (Rettich).
- Die **Klausenfrucht** der Lamiaceae (Lippenblütler) und Boraginaceae (Raublattgewächse), welche aus ebenfalls zwei Karpellen besteht, zerfällt in jeweils vier Teilfrüchte (Klausen), welche je einen Samen enthalten.

2.2.2 Blütenstände

Blüten tragende Verzweigungssysteme (Sprossverbände) heißen Infloreszenzen. Die Tragblätter innerhalb von Blütenständen sind oft zu Hochblättern vereinfacht (brakteose Infloreszenzen), können aber auch laubblattartig ausgebildet sein (frondose Infloreszenzen). Seltener sind die Tragblätter der Blüten soweit unterdrückt, dass sie an der blühenden Pflanze nicht erkennbar sind (Brassicaceae). Der Blütenstand ist meist durch eine deutliche Hemmungszone, in der die Verzweigung unterdrückt und die Blätter reduziert sind, vom vegetativen Bereich (Unterbau) getrennt. Für Floren haben sich einige deskriptive Termini herausgebildet, die allgemein in Gebrauch sind. Bei der Traube stehen gestielte Blüten an einer unverzweigten Infloreszenzachse (Abb. 9b). Sind die Blüten ungestielt, wird ein im Übrigen gleich aufgebauter Blütenstand Ähre genannt. Ein Blütenstand mit verdickter, langgestreckter Blütenstandsachse und ungestielt daran sitzenden Blüten wird Kolben genannt. Ist die Blütenstandsachse kugelig verdickt oder scheibenförmig und die Blüten ungestielt, so ist der Blütenstand ein Köpfchen oder Körbchen. Sind die Blütenstiele dagegen verlängert und gehen alle von einem Punkt aus, so liegt eine Dolde vor. Für die Verwendung der Begriffe Kolben, Köpfchen (Körbchen) und Dolde ist nur der Habitus des Blütenstandes maßgeblich, nicht

aber der genaue morphologische Aufbau und Verzweigungsgrad. Mehrere Dolden können zu einer Doppeldolde (Abb. 9g) zusammengezogen sein. (Achtung: abweichende Verwendung des Begriffs Dolde bei Apiaceae, siehe S. 61).

Die für Verwandtschaftsanalysen wichtige **typologische Infloreszenzmorphologie** nimmt es mit den Begriffen genauer. Sie unterscheidet geschlossene (monotele) Infloreszenzen, bei denen jede Achse mit einer Endblüte abschließt, und offene (polytele) Infloreszenzen, bei denen nie eine Endblüte vorkommt.[21] Ursprünglichster Blütenstand ist die monotele Rispe (Abb. 9a). Einfachster polyteler Blütenstand ist die Traube. Typologisch entsprechen Ähre, Kolben und manche Köpfchen (z. B. Compositae, nicht aber Rhamnaceae) der Traube, da immer das gleiche Verzweigungssystem vorliegt. Stehen anstelle der Einzelblüten in einer Traube Cymen, so bezeichnet man den Blütenstand als Thyrsus.

Eine Cyme ist ein Teilblütenstand, der sich nur aus den Achseln der alleine vorhandenen Vorblätter verzweigt. Wenn die Verzweigung aus beiden Vorblattachseln erfolgt, liegt ein Dichasium vor; wenn sie nur aus einer Vorblattachsel erfolgt, handelt es sich um ein Monochasium. Bei den Monochasien kann man verschiedene Formen unterscheiden, je nachdem, ob die Verzweigung jedes Mal zur selben Seite hin erfolgt oder alterniert. Bei alternierender Verzweigung spricht man von einer Wickel (Cincinnus), im anderen Fall von einer Schraubel (Bostryx). Erfolgt die erste Verzweigung aus beiden Vorblattachseln und geschieht erst die Fortsetzung monochasial, liegen Doppelwickel (z. B. Lamiaceae) oder Doppelschraubel vor. Ist nur ein Vorblatt in adossierter Stellung (Blattunterseite ist der Abstammungsachse zugekehrt) vorhanden, so bildet die Cyme eine Fächel (Rhipidium).[22] Von besonderem Interesse sind Blütenstände, die als Ganzes eine

---

21 Die Definition einer Endblüte ist nicht ganz so einfach, wie es zunächst scheint, da jede Blüte das Ende einer Achse darstellt. Als Endblüten bezeichnet man solche Blüten, die am Ende der Keimachse stehen oder denen an derselben Achse mehr als zwei Blätter (die beiden Vorblätter) vorausgehen.

22 Die Sichel (Drepanium) ist im Gegensatz zu der in den meisten Lehrbüchern vertretenen Auffassung keine Cyme.

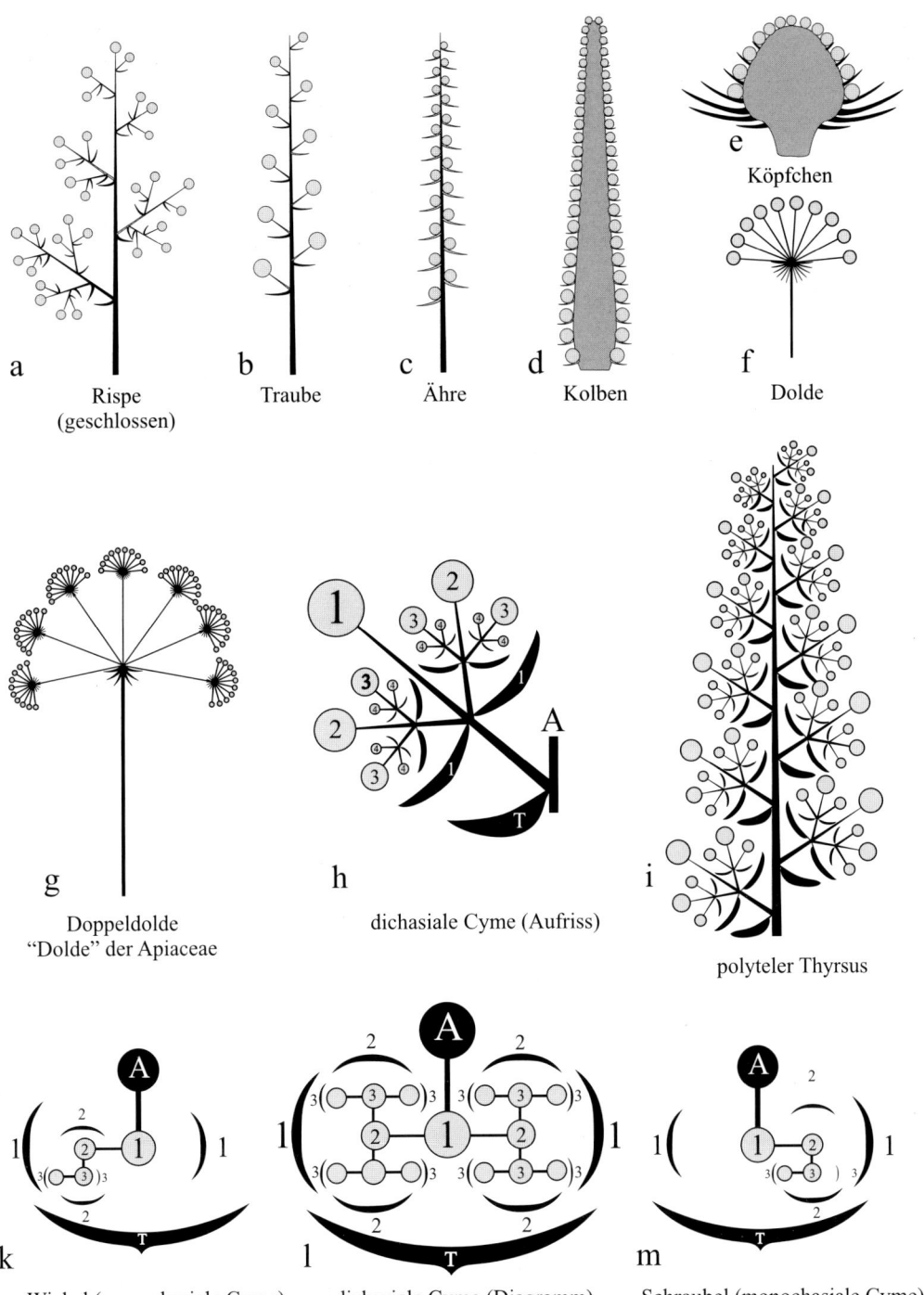

Abb. 9: Häufige Blütenstandsformen, schematisch. a–i im Aufriss, k–m als Diagramm (Grundriss); Blüten als graue Kreise gekennzeichnet.

Einzelblüte nachahmen (Pseudanthien, siehe S. 30).

2.3 Lebensdauer und Lebensformen

2.3.1 Lebensdauer

Die Lebensdauer von Blütenpflanzen kann wenige Wochen bis über 1000 Jahre betragen.[23] Die ältesten bekannten Pflanzenindividuen (und Lebewesen überhaupt) gehören nicht zu den Angiospermen, sondern zu den Gymnospermen: *Sequoiadendron giganteum* (Gebirgs-Mammutbaum) über 3200 Jahre, *Pinus longaeva* (= *P. aristata* p. p.) über 4000 Jahre, vereinzelt bis zu 4700 Jahre, *Taxus* (Eibe) angeblich bis zu 3000 Jahre.

Einjährige (annuelle) Pflanzen durchlaufen ihre gesamte Entwicklung von der Samenkeimung über die Blütenbildung bis zur Fruchtreife in höchstens einem Jahr, oft in viel kürzerer Zeit. Die Sommerannuellen (⊙) überwintern als Samen und keimen im Frühjahr. Winterannuelle (①) keimen im Herbst, überwintern als Jungpflanzen und blühen im Frühjahr. Manche Arten können sommer- oder winterannuell sein, zum Beispiel die Vogelmiere (*Stellaria media*) oder die Kornblume (*Centaurea cyanus*).

Zweijährige (bienne) Pflanzen (☉) benötigen für ihre Entwicklung 2 Vegetationsperioden. Im 1. Jahr bleiben sie vegetativ und bilden eine überwinternde Blattrosette, im 2. Jahr blühen und fruchten sie und sterben dann ab. Zweijährig ist zum Beispiel der Rote Fingerhut (*Digitalis purpurea*) oder die Möhre (*Daucus carota*).

Mehrjährige (plurienne) Pflanzen (⊗), die wie die Ein- und Zweijährigen nur einmal blühen, zuvor jedoch mehrere Jahre vegetativ leben, sind selten (z. B. Bambus). Die hier meist aufgeführten Agaven bilden in der vegetativen Phase seitliche Verzweigungen, die weiterleben, und gehören somit streng genommen nicht zu dieser Gruppe.

Ausdauernde (perennierende) krautige Pflanzen (= Stauden, ♃) und Holzgewächse (♄) blühen und fruchten mehrere bis viele Jahre hintereinander. Oft wird die Blühreife erst nach einer mehrjährigen vegetativen Jugendphase erreicht.

Pflanzen, welche mit der Blüten- und Fruchtbildung ihre Entwicklung abschließen (also annuelle, bienne und plurienne Pflanzen) werden als **hapaxanth** bezeichnet, perennierende als **pollacanth**.

2.3.2 Lebensformen (Abb. 10)

Die **Wuchsformen** der Angiospermen lassen sich auf wenige morphologische Gesetzmäßigkeiten (Verzweigungsweise, Symmetrieverhältnisse, Internodienlängen) zurückführen, zum Beispiel baum- oder strauchförmiger Wuchs, Rosettenwuchs usw. Der Begriff **Lebensform** betont dagegen die ökologischen Beziehungen zwischen Wuchsform und Umwelt, zum Beispiel die verschiedenen Anpassungen an das Überdauern ungünstiger Klimaperioden.

Das in der Geobotanik viel benutzte, zuerst von RAUNKIAER (1934) aufgestellte Lebensformensystem berücksichtigt als Einteilungskriterium die Lage der Erneuerungsknospen zur Erdoberfläche und die Art des Überdauerns ungünstiger Jahreszeiten (kalter Winter, Sommer-Trockenzeiten). Die Hauptgruppen dieses Systems sind:

Phanerophyten: Meist Holzpflanzen (immergrüne, sommergrüne oder – in Trockengebieten – regengrüne Bäume und Sträucher) mit oberirdisch ausdauernden Erneuerungsknospen, die an Vegetationsorganen höher als 30 cm über dem Erdboden liegen. Knospen sind häufig durch derbe Knospenschuppen geschützt. Untergruppen zum Beispiel **Makrophanerophyten** (Bäume über 2 m Höhe) und **Nanophanerophyten** (Sträucher zwischen 30 cm und 2 m Höhe). Auch die Lianen mit verholzenden Stämmen und die Stammsukkulenten (Kakteen u. a.) der Trockengebiete können hierzu gerechnet werden.

Chamaephyten: Pflanzen, deren Erneuerungsknospen am ausgewachsenen Sprosssystem nicht höher als (in der Regel) 30 cm über dem Erdboden liegen, oder größere Pflanzen mit periodisch bis zu dieser Höhe austreibenden Sprossen. Beispiele: Zwergsträucher (Heidekraut, *Calluna vulgaris*, u. a. Ericaceae),

---

23 Als Polykorm(on) auch mehr als 10 000 Jahre, z. B. bei sich vegetativ vermehrenden und so kleine Wälder bildenden Bäumen.

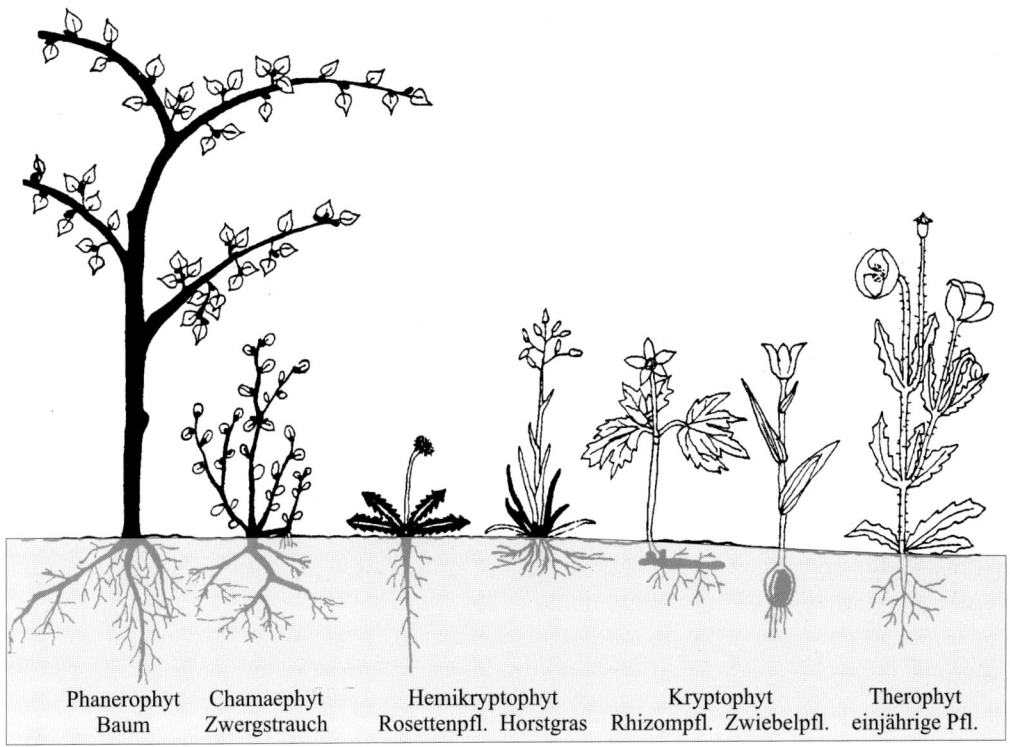

Abb. 10: Lebensformen. Überwinternde Pflanzenteile (bei Therophyt nur als Same) sind schwarz ausgefüllt (nach WALTER 1986, verändert).

Halbsträucher mit nur im unteren Teil verholzenden Achsen (viele Lamiaceae), Polsterpflanzen (viele Saxifragaceae) und einige Kriechstauden (Goldnessel, *Lamiastrum*).

Hemikryptophyten („Erdschürfepflanzen"): Ausdauernde Kräuter, deren Erneuerungsknospen nach dem Absterben der höheren Sprossteile unmittelbar an der Bodenoberfläche liegen und hier meist durch tote oder wintergrüne Blätter geschützt werden. Beispiele: Rosettenpflanzen (*Bellis perennis*, *Plantago major*), Horstgräser, Pflanzen mit oberirdischen Ausläufern (*Ranunculus repens*). Auch die Zweijährigen mit überwinternden Rosetten gehören hierher. Auch Übergänge zu Chamaephyten oder Therophyten kommen vor.

Kryptophyten (Geophyten, „Erdpflanzen"): Ausdauernde Kräuter, deren Überdauerungs- und Speicherorgane ganz im Erdboden liegen, während die oberirdischen Teile alljährlich absterben. Beispiele: Rhizom-, Knollen-, Zwiebel-, Wurzel-Geophyten, Pflanzen mit unterirdischen Ausläufern und andere.

Therophyten (Annuelle): Einjährige Pflanzen, deren gesamtes Spross- und Wurzelsystem nach der Samenreife abstirbt und die während der ungünstigen Jahreszeit als Embryo im Samen überdauern, zum Beispiel viele Ackerwildkräuter. (In unserem Klima streng genommen nur die Sommerannuellen, da die Winterannuellen den Winter als Jungpflanze überdauern.)

Es bestehen deutliche Beziehungen zwischen dem Prozentanteil der verschiedenen Lebensformen und dem Klima eines Gebietes. Bei uns dominieren die Hemikryptophyten (etwa 50 % der Arten), ebenso in der arktischen Zone, in der auch die im Winter durch die Schneedecke geschützten Chamaephyten relativ zahlreich vertreten sind. Während im arktisch-alpinen Klima die Phanerophyten kaum oder gar nicht vorkommen, spielen sie im tropischen Regenwald (mit über 60 %) die Hauptrolle. In den Wüstenzonen, auch im mediterranen Klima, gibt es besonders viele Therophyten.

3 Generationswechsel der Angiospermen

Der Generationswechsel bei Angiospermen ist in Abb. 11 zusammengefasst und wird in den folgenden Kapiteln erläutert.

3.1 Entwicklung der Gametophyten

Auf den Staubblättern (Mikrosporophyllen) werden die Pollensäcke (Mikrosporangien, Abb. 11A) gebildet, in denen durch Meiose die Pollenkörner (Mikrosporen) entstehen. Auf den Makrosporophyllen werden die Makrosori (Samenanlagen mit Integumenten, Abb. 11B-O) gebildet. Im Makrosorus befindet sich ein Ma-

krosporangium (Nucellus), in dem durch Meiose vier Makrosporen gebildet werden, von denen nur eine (die Embryosackmutterzelle) überlebt. Aus dem Pollenkorn entwickelt sich das Mikroprothallium (mehrkerniges Pollenkorn mit Pollenschlauch), während aus der Embryosackmutterzelle das Makroprothallium (der mehrkernige Embryosack) entsteht. Nach der Befruchtung des Eikernes durch den generativen Kern aus dem Pollenschlauch entsteht der Embryo (Sporophyt).

Die Anwendbarkeit der entsprechenden Termini aus dem Generationswechsel der Farne (Abb. 11) zeigt, dass hier wesentliche und grundsätzliche Übereinstimmungen im Generationswechsel bestehen. Die Tatsache, dass An-

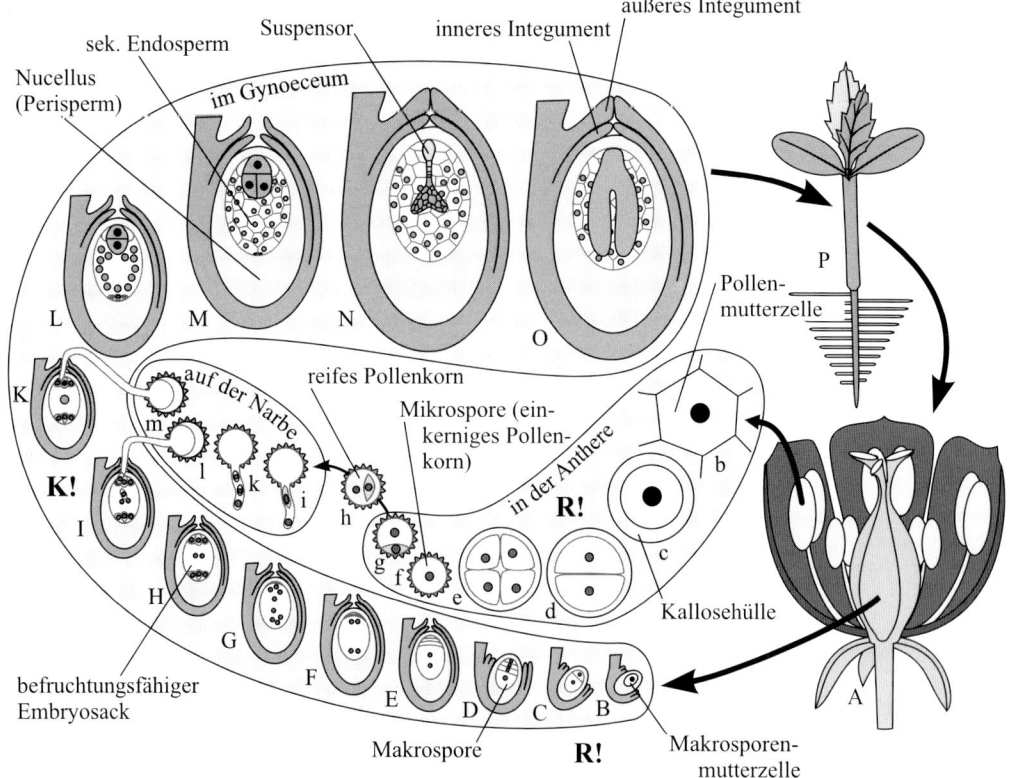

theridien und Archegonien keine direkten Entsprechungen bei den Angiospermen haben und dass andererseits der aus Makrosorus, Makrosporangium und neuem Sporophyt bestehende Same keine Entsprechung bei den Farnen hat, betont die dennoch vorhandenen Unterschiede.

3.2 Bestäubung

Unter Bestäubung versteht man die Übertragung von Pollenkörnern (Mikrogametophyten bzw. Mikrosporen) auf eine Empfängnisstelle (Narbe bei den Angiospermen, Bestäubungstropfen bei den Gymnospermen). Unter Befruchtung versteht man dagegen die Verschmelzung der generativen Zellen beziehungsweise Zellkerne.

Die Bestäubung erfolgt im ursprünglichen Fall (fast alle Gymnospermen) durch Wind (primäre Anemophilie). Bei den meisten Angiospermen erfolgt die Bestäubung durch Tiere. Diese Zoophilie kann durch Angabe der bestäubenden Tiergruppe näher spezifiziert werden (Entomophilie – Insekten; Chiropterophilie – Fledermäuse; Ornithophilie – Vögel usw., vgl. Tab. 2, S. 33). Innerhalb der Angiospermen kommen auch anemophile Gruppen vor. Diese Anemophilie ist jedoch sekundär aus zoophilen Vorfahren entstanden (sekundäre Anemophilie z. B. bei Gräsern oder Fagaceae). Übergänge von Zoophilie zu Anemophilie kann man in den Gattungen *Acer* (Ahorn) und *Fraxinus* (Esche) beobachten.

Anemophile Blüten sind in der Regel klein, duftlos, ohne oder mit stark reduziertem Perianth. Sie bilden große Pollenmengen ohne Pollenkitt. Im Gynoeceum ist die Anzahl der Sa-

Abb. 11: Entwicklungszyklus der Angiospermen.
A – Blüte mit Mikro- und Makrosporophyllen; B–O Entwicklung der Samenanlage bis zur Samenreife; B–D Makrosporogenese; E–H – Entwicklung des Makroprothalliums bis zum befruchtungsfähigen Zustand; I–K – Befruchtungsvorgang; L–O – Entwicklung von Endosperm und Embryo; b–g – Entwicklung von Mikrospore und Mikroprothallium in der Anthere; h – Pollenkorn (Mikroprothallium) im Zustand der Ausbreitung; i–m – Entwicklung des Mikroprothalliums auf der Narbe; K! Karyogamie; R! Reduktionsteilung.

menanlagen vielfach bis auf eine reduziert; durch die Ausbildung von vergrößerten Narben wird die „Trefferquote" für den Pollen verbessert. Bei anemophilen Taxa besteht vielfach eine starke Tendenz zu eingeschlechtigen Blüten. Die Narben werden dann frei exponiert, ohne durch das Androeceum verdeckt zu werden. Im Extremfall führt dies zu Diözie.

Zoophile Blüten (Tab. 1 u. 2) haben dagegen ein schauwirksames Perianth, dessen Färbung oft dem für das Sehvermögen der jeweiligen Bestäuber optimalen Wellenlängenbereich angepasst ist (UV-Muster für Hymenopteren, rote oder andere leuchtende „Papageien"-Farben für Vogelblüten usw.). Tierbestäubte Blüten „bezahlen" ihre Bestäuber für die verrichtete Arbeit. Im ursprünglichen Fall wurde nach heutiger Auffassung mit Pollen bezahlt. Insekten mit beißenden Mundwerkzeugen fressen die stabilen, proteinhaltigen Pollenkörner. Für die Pflanze war es in der Evolution ein Fortschritt, die Bezahlung mit Pollen durch eine Bezahlung mit Nektar zu ersetzen. Der Nektar enthält nur verschiedene Zucker und kaum stickstoffhaltige Verbindungen. Ein Nährstoff, der wie Stickstoff vielfach der begrenzende Minimumfaktor der Pflanzenentwicklung ist, sollte dann eben nicht auch noch verfüttert werden. Die gelbe Farbe der Antherenwand, die ursprünglich dem UV-Schutz der darin enthaltenen generativen Zellen diente, war aber bereits zum Signal für die Bestäuber geworden. In der weiteren Evolution wurde dieses Signal vielfach durch gelbe Blütenmale in der Blütenmitte verstärkt. Teilweise wurden die Antheren versteckt oder sogar anders gefärbt, um das Interesse der Bestäuber davon abzulenken. Viele Blütenzeichnungen, insbesondere Flecken in Zentrumsnähe, können bestäubungsbiologisch als Antherenattrappen aufgefasst werden. Die „Saftmale" im Blütenzentrum sind vielfach entweder selbst Antherenattrappen oder dienen der Kontrastverstärkung zu anderen Antherenattrappen.

Für die Beköstigung der Bestäuber sind in zoophilen Blüten die **Nektarien** vorhanden, die auf den Petalen (Petalennektarien) gebildet werden, aus sterilen Staubblättern hervorgehen oder als Diskusbildungen an der Blütenachse meist zwischen Androeceum und Gynoeceum zu finden sind. In coenosynkarpen Gynoeceen findet man häufig Nektarien in den Septen, die einen primären Ausgang auf die Oberfläche des

Fruchtknotens haben (Asparagales). Gelegentlich kommen auch außerhalb der Blüte Nektarien vor (extraflorale Nektarien), die aber nur in Blütenständen eine bedeutende Rolle in der Bestäubungsbiologie spielen können. Die Menge des Nektars ist meist auf den Nährstoffbedarf der Bestäuber genau abgestimmt. Es muss so viel sein, dass sich der Blütenbesuch für den Bestäuber energetisch lohnt, aber andererseits so wenig, dass der Bestäuber tatsächlich mehrere Blüten besuchen muss. Der Pollen hat im Allgemeinen **Pollenkitt** und haftet damit am Bestäuber, teilweise an genau vorgegebenen Stellen (bei Insekten häufig auf der Bauch- oder Rückseite, bei Vögeln so am Schnabel oder Kopf, dass er nicht gesehen und durch Putzhandlungen entfernt wird).

Bei zoophilen Arten tritt an die Stelle der Blüte nicht selten ein ganzes Aggregat von Blüten, das in seiner Gesamtheit auf den Bestäuber wie eine Einzelblüte wirkt. Ein solcher Blütenstand wird als Pseudanthium bezeichnet. Seltener ist die funktionelle Einheit nur ein Teil einer Blüte (z. B. bei *Iris*), der dann als Meranthium bezeichnet wird. Die bestäubungsbiologische Einheit wird, unabhängig davon, ob sie aus vielen Blüten, einer einzelnen Blüte oder nur einem Teil einer Blüte besteht, Blume genannt.

Obwohl **Selbstbestäubung** (Autogamie) nicht zwangsläufig zu vollständiger Homozygotie[24] und damit in eine Sackgasse der Evolution führt, haben Pflanzen viele Einrichtungen zur Begünstigung oder Erzwingung von **Fremdbestäubung** und Verhinderung von Selbstbestäubung entwickelt. Von Allogamie spricht man dabei, wenn Pollen auf eine andere Blüte übertragen wird. Befindet sich die andere Blüte auf einer anderen Pflanze, so wird diese Form der Allogamie präziser Xenogamie (Kreuzbestäubung) genannt. Nur Xenogamie hat „outcrossing" zur Folge (echte Kreuzungen).

Blütenpflanzen haben verschiedene Mechanismen entwickelt, um Autogamie zu vermeiden. Am einfachsten zu erkennen sind morphologische Mechanismen. Hierzu gehört zum Beispiel eine zeitlich verschiedene Reifung von Antheren und Narben (**Dichogamie**). Dabei können zuerst die Antheren reifen (Protandrie, z. B. Campanulales) oder die Narbe (Protogynie, z. B. Wegerich, viele Rosaceae). Es macht genetisch aber keinen Unterschied, ob Selbstbestäubung innerhalb einer Blüte vorliegt oder ob Pollen auf eine andere Blüte derselben Pflanze übertragen wird! Bei Pflanzen mit vielen Blüten ist deswegen zusätzlich eine zeitliche Synchronisation aller Blüten erforderlich, wenn Geitonogamie („Nachbarschaftsbestäubung" = Fremdbestäubung zwischen verschiedenen Blüten ein und derselben Pflanze) sicher verhindert werden soll. Trotz gleichzeitiger Reifung von Antheren und Narben kann Autogamie verhindert werden, wenn beide verschiedene Stellungen in der Blüte einnehmen. Sowohl bei der Heterostylie als auch bei der Enantiostylie kommen dabei zwei komplementäre Blütentypen vor.[25] Bei der Heterostylie hat dabei ein Blütentyp Staubgefäße mit kurzen Filamenten und einen langen Griffel, der andere einen kurzen Griffel und Staubgefäße mit langen Filamenten. Bei der immer auf mehr oder weniger deutlich zygomorphe Blüten beschränkten Enantiostylie ist der Griffel im einen Blütentyp nach links und im anderen Blütentyp nach rechts aus der Medianebene herausgekrümmt (z. B. Pontederiaceae). Vor allem in zygomorphen Blüten gibt es noch weitere Möglichkeiten, um sicherzustellen, dass Bestäuber Narbe und Androeceum in einer festgelegten und gleichbleibenden Reihenfolge berühren.

Die Ausbildung eingeschlechtiger Blüten ist ebenfalls ein Mittel zur Verhinderung von Selbstbestäubung. Kommen männliche und weibliche Blüten auf demselben Individuum vor, so sind sie einhäusig (**monözisch**). Gibt es dagegen rein männliche und rein weibliche Individuen, so ist die Art zweihäusig (**diözisch**).

Neben den morphologisch erkennbaren Mechanismen zur Verhinderung von Selbstbestäubung gibt es auch genetische Vorkehrungen. Bei dieser so genannten **Selbstinkompatibilität** unterscheidet man zwei Formen. Bei der gametophytischen Inkompatibilität kann der haploide Pollenschlauch auf einer diploiden

---

24 Im Gegensatz zu Selbstbefruchtung auf einem monözischen Farnprothallium, die immer zu 100 %iger Homozygotie führt!

25 Bei der Heterostylie können bei Arten mit zwei Staubgefäßwirteln auch drei Blütentypen auftreten, z. B. bei *Narcissus triandrus*.

Tab. 1: Gestalttypen zoophiler Blumen und ihre Funktion; verändert nach KUGLER (1970) und FAEGRI & VAN DER PUL (1979) (zusätzliche Gestalttypen bei KUGLER (1970): Köpfchen-/Körbchenblumen und Kolbenblumen)

Gestalttyp	Formbeschreibung, Schauapparat	Nektarbergung (bzw. bei Pollenblumen: Pollenbergung)	Pollenablagerung auf die Bestäuber	Anpassung an das Verhalten der hauptsächlichen Bestäuber	Untergruppen und Beispiele
Scheiben- und Napfblumen	Schauapparat ± flach ausgebreitet, Staubblätter und Narben liegen offen; meist radiäre Einzelblüten oder Dolden- bzw. Körbcheninfloreszenz	offen zugänglich, oft keine Saftmale	diffus, sternotrib (an Bauchseite) oder pleurotrib (an Seitenteilen)	nicht spezialisiert, auch für Käfer geeignet	**Ohne Nektar** (nur Pollennahrung): *Anemone, Papaver, Rosa, Cistus, Sambucus*. **Mit Nektar**: *Saxifraga*, viele Apiaceae, *Prunus, Potentilla, Linum, Geranium, Ranunculus*. (Hierher nach Form und Pollenablagerung auch viele Asteraceen-Köpfchen, deren Röhrenblüten jedoch mit geborgenem Nektar)
Trichter- und Glockenblumen	trichterförmiger Schauapparat mit meist weiter Öffnung; Blumen aufrecht (= Trichterblumen) oder hängend (= Glockenblumen); Geschlechtsorgane meist im Inneren des Trichters bzw. der Glocke	halb geborgen, ± zentralisiert am Blütengrund; Saftmale häufiger	meist im Blüteninnern; bei Glockenblumen meist an Rüssel oder Kopf, bei Trichterblumen z. T. auch sternotrib oder nototrib (dorsal)	besonders für Bienen und Hummeln; je nach Weite der Öffnung kriechen Tiere hinein oder dringen nur mit Kopf bzw. Rüssel ein	**Trichterblumen**: *Convolvulus, Gentiana acaulis, Cucurbita, Nicotiana, Valeriana officinalis*. **Glockenblumen mit Streueinrichtung**: *Galanthus, Vaccinium uliginosum, Erica herbacea, Cyclamen*. **Glockenblumen mit klebrigem Pollen**: *Campanula, Muscari botryoides, Fritillaria meleagris, Pulsatilla pratensis, Atropa bella-donna, Cuscuta*.
Stielteller- und Röhrenblumen	meist radiär; Schauapparat bei Stieltellerblumen aus flach ausgebreitetem oberem Teil und röhrenförmiger Basis; Röhrenblumen ohne flachen Teil	tief bis sehr tief geborgen; bei Stieltellerblumen Röhreneingang oft markiert	verschieden (Geschlechtsorgane in der Röhre oder herausragend)	auf Blüte (Saum des Stieltellers) oder daneben sich setzende oder im Schwirrflug bestäubende langrüsselige Bienen, Schmetterlinge, Vögel	**Stieltellerblumen**: *Primula, Pulmonaria, Narcissus poeticus, Gentiana verna, Dianthus carthusianorum*. **Röhrenblumen**: Vogelblütige *Aloe-, Erica-, Bryophyllum*-Arten, Bromeliaceae u. a. (Zwischen Röhren- und Glocken-[Trichter-]blumen viele Übergänge. Auch Fahnen- (*Trifolium pratense*) und Lippenblumen können lange Kronröhren oder Nektarsporne besitzen).

Tab. 1: (Fortsetzung)

Gestalttyp	Formbeschreibung, Schauapparat	Nektarbergung (bzw. bei Pollenblumen Pollenbergung)	Pollenablagerung auf die Bestäuber	Anpassung an das Verhalten der hauptsächlichen Bestäuber	Untergruppen und Beispiele
Fahnenblumen	dorsiventral, mit aufgerichteter Fahne als Schauorgan; Geschlechtsorgane im Schiffchen eingeschlossen	gut geborgen, Einlass nur ± gewaltsam; Leitung durch dorsiventralen Bau und Saftmale an der Fahne	meist sternotrib (ventral)	auf Schiffchen sich niederlassende, kräftige und geschickte Tiere (höhere Bienen und Hummeln)	Fabaceae: Mit **Klappeinrichtung**: *Laburnum, Onobrychis, Trifolium.* Mit **Schnelleinrichtung**: *Cytisus scoparius, Genista tinctoria.* Mit **Bürsteneinrichtung**: *Vicia, Lathyrus, Robinia.* Mit **Pumpeinrichtung**: *Lotus corniculatus, Anthyllis vulneraria, Ononis, Lupinus.* Ähnliche Bestäubung bei *Corydalis, Polygala,* Orchidaceae
Lippenblumen	dorsiventral, Schauapparat in Ober- und Unterlippe differenziert; Staubblätter und Narben liegen unter der Oberlippe	gut geborgen, Einlass z. T. nur gewaltsam (bes. bei Maskenblumen); Leitung durch dorsiventralen Bau und Saftmale an der Unterlippe	meist nototrib (dorsal)	auf Unterlippe sich niederlassende, kräftige und geschickte Tiere (Bienen und Hummeln)	**Eigentliche Lippenblumen**: *Salvia pratensis, Lamium* und andere Lamiaceae. **Rachenblumen** (weite Kronröhren): *Digitalis, Impatiens, Iris* (Teilblüten!). **Maskenblumen** (Eingang durch Gaumen verschlossen): *Linaria, Antirrhinum.* **Sondertypen**: *Orchis, Ophrys, Catasetum* und andere Orchidaceae; *Viola*
Insektenfallenblumen	bei Kesselfallen Blüten- oder Infloreszenzhülle basal mit kesselförmiger Erweiterung, darin die Geschlechtsorgane, Lenkung der Besucher durch Gleitfläche oder lichtdurchlässiges Gewebe (Gleit- bzw. Lichtfallen). – Bei Klemmfallen Klemmvorrichtung an Pollinien	bei Kesselfallen im Kessel oder fehlend; bei Klemmfallen der Asclepiadaceae in speziellen Safthaltern der Nebenkrone	bei Kesselfallen meist ± diffus; bei Klemmfallen Festklemmen der Pollinien an Bein oder Rüssel	Täuschung der wenig lernfähigen Bestäuber (besonders Aasfliegen und Dungkäfer, seltener auch Bienen) durch optische und chemische Reize	**Kesselfallen**: *Arum* (und andere Araceae), *Aristolochia* (Aristolochiaceae), *Ceropegia* (Asclepiadaceae, zugleich Klemmfälle), *Cypripedium, Coryanthes* (Orchidaceae). **Klemmfallen**: *Asclepias, Cynanchum vincetoxicum, Stapelia* (Asclepiadaceae)
Bürstenblumen (Pinselblumen)	Staubblätter und Griffel weit vorgestreckt, oft auch als Schauapparat dienend und dann Perianth ± reduziert; oft vielblütige Infloreszenz	offen, keine Saftmale	nicht im Blüteninneren, sondern weit außen; diffus, am Kopf oder Bauch o. a.	sich niederlassende (auf Blume oder in Nachbarschaft) oder im Schwirrflug bestäubende Tiere mit längeren Mundteilen (Vögel, Bienen, Schmetterlinge)	Meist dichtblütige Infloreszenzen: *Acacia, Mimosa, Eucalyptus, Callistemon, Capparis,* verschiedene Proteaceae; *Thalictrum aquilegifolium*

Tab. 2: Anpassungen eutroper zoophiler Blumen an die bestäubenden Tiergruppen (nach Vogel bzw. Faegri & van der Pijl (1979)

Bestäubungstyp (Anpassung an)	Färbung und Muster (für den Menschen wahrnehmbar)	Bevorzugte Gestalttypen	Gestaltliche Eigentümlichkeiten (Proportionen)	Nektar (und andere Nahrung)	Duft (für den Menschen wahrnehmbar)	Bewegungs- und Duftperiodizität	Anatomische Eigentümlichkeiten	Beispiele
Cantharophilie (Käfer)	geringe optische Reize, matte, oft grünliche Farben	meist flache Schalen- oder Napfform	wenig spezialisierte, leicht zugängliche Blüten oder flache, reichblütige Infloreszenz, selten Fallen	frei zugänglicher Nektar, Pollen oder Futterkörper	strenger, teils fruchtiger, teils aminoider Geruch	ohne Bewegungs- und Duftperiodizität	relativ groß und derb	Typische Käferblumen relativ selten, meist bei primitiven Familien, z. B. Magnoliaceae, Calycanthaceae, Nymphaeaceae
Sapromyiophilie (Aasfliegen)	braunrot, braun, fleischfarben, schmutzig gelb, grünweiß; oft gestreift	Napf- und Schalenform; Kesseltyp (bes. Rüssel- und Beinbestäubung)	Blüte in Erdnähe, ± flach oder Kessel mit oft blendenartigem Eingang; Fensterbildung, Kräuselung, Schwänzung, bärtig, Flimmerkörper	Nektar freiliegend, leicht zugänglich oder fehlend	Verwesungs-, Gärungs-, Kot-, Moschus-, Pilzgeruch	tagsüber offen, meist ohne Bewegungs- und Duftperiodizität	Spiegelglanz oder dumpfe, warzige Oberfläche, Wimperung	*Arum-, Aristolochia-, Stapelia-, Ceropegia-, Rafflesia*-Arten
Melittophilie (Bienen, Hummeln) Mikromelittophilie (Kleinbienen)	lebhafte Farben: blau, violett, purpurn, gelb, weiß Saftmale vorhanden, gegliedert	Schmetterlingsblüte (Fahnentyp), Lippentyp (Rachentyp), Röhrentyp, „Bürstenform" (Bestäubung notorib [von oben] oder sternotrib [von unten])	oft zygomorph und kompliziert, Eindringen erfordernd, Blütenunterseite gefördert (Anflugplatz), Tubus ziemlich eng, ± verborgene Geschlechtsorgane. Mikromelittophilie: kleiner und zarter	Nektar bis 15 mm tief geborgen, besonders tief bei Hummelblumen, Nektarzugang oft maskiert	oft stark und angenehm honigartig	erblüht bzw. öffnet sich und duftet tagsüber	Seidenglanz, Samtglanz; ± robust	Viele Lamiaceae (*Salvia pratensis*!), Boraginaceae, Scrophulariaceae, Asteraceae, Fabaceae, Liliaceae, Arten von *Aconitum, Viola, Primula, Gentiana, Campanula, Iris, Aquilegia vulgaris* Mikromelittophilie: *Veronica*-Arten, *Anagallis*-Arten
Sphingophilie (Nachtschwärmer) und Phalenophilie (Eulenfalter, kleine Nachtfalter)	weiß, cremefarben, trüb violett, unterseits oft trüb purpurn überlaufen bei Sphingophilie; gelblich grün und grün bei Phalenophilie. Saftmale fehlen (durch Blütenform geleitet)	Stieltellertyp, „Pinseltyp", bes. bei Sphingophilie Blumen oft hängend oder horizontal. (Flügel-, Kopf- oder Rüsselbestäubung)	± sternförmiges Schauorgan, dieses oft fein zerteilt, und zurückgekrümmt (für Schwärmer kein Landeplatz nötig!); Schlund und Tubus eng; oft Pendelantheren; sphingophile oft mit langem, engem Sporn	Nektar bei Sphingophilie meist mehrere cm tief geborgen, bei Phalenophilie 4–20 mm tief	stark duftend, angenehm bis „betäubend", „parfümartig"	erblüht bzw. öffnet sich und duftet abends und in der Nacht, tagsüber oft geschlossen	oft wachsartige Oberfläche, zart	*Angraecum sesquipedale* (Orchidee Madagaskars mit 20 cm langem Sporn), *Yucca, Silene nutans, Mirabilis longiflora, Oenothera biennis, Lonicera caprifolium, Lonicera periclymenum*

Tab. 2: (Fortsetzung)

Bestäubungstyp (Anpassung an)	Färbung und Muster (für den Menschen wahrnehmbar)	Bevorzugte Gestalttypen	Gestaltliche Eigentümlichkeiten (Proportionen)	Nektar (und andere Nahrung)	Duft (für den Menschen wahrnehmbar)	Bewegungs- und Duftperiodizität	Anatomische Eigentümlichkeiten	Beispiele
Psychophilie (Tagfalter)	lebhafte Farben: scharlachrot, purpurn, blau, gelb, weiß; Saftmale meist vorhanden, gegliedert	Blumen meist aufrecht, mit langem Tubus oder Sporn, Stielellertyp; (Flügel-, Kopf- oder Rüsselbestäubung)	meist radiäres, ± scheibenförmiges Schauorgan, einfach konturiert, nicht stark zerteilt; Schlund und Tubus oder Sporn sehr eng; oft Pendelantheren	Nektar bis 40 mm tief geborgen	angenehm, honigartig	erblüht bzw. öffnet sich und duftet am Tage, nachts nicht geschlossen	zart	*Lilium bulbiferum, Dianthus carthusianorum, Anacamptis pyramidalis* (Orchidaceae), *Pelargonium zonale, Phlox sp., Centranthus ruber*
Ornithophilie (Vögel)	lebhafte Farben: scharlachrot, orangerot, karminrot, grüngelb, reinblau und weiß, schwarzviolett („Papageienfarben"); Saftmale, wenn vorhanden, ungegliedert, schwarz, gelb oder grün	oft hängend, Röhrentyp, Stielellertyp, „Pinseltyp"; (Kehl-, Stirn- oder Schnabelbestäubung)	Oberseite der Blüte gefördert (Zugang von unten her frei, Oberlippe verlängert, Bestäubungsorgane nach oben zusammenneigend, steif; Tubus oder Sporn weit, sackförmig	Nektar in wechselnder Tiefe geborgen, oft tief; dünnflüssig, schleimig, sehr reichlich	Duft fehlt	tagsüber offen, meist ohne Bewegungsperiodizität	verstärkte mechanische Elemente, robust; starke Filamente; Kapillarmechanismus hält Nektar und verhindert sein Ausfließen	In vielen Familien: Bromeliaceae, Myrtaceae, Proteaceae, Gesneriaceae, *Salvia splendens, Strelitzia reginae, Aquilegia canadensis, Erythrina* (Fabaceae) Nicht in Europa
Chiropterophilie (Fledermäuse)	weiß, cremeweiß, auch gelblich grau, grünlich, selten purpurn oder rötlich; Saftmale fehlen	weit offene Röhrenform, auch Pinselblumen u. a.	kräftige Blüten (oder kleinen Blüten) über Laub herausragend, lang herabhängend (flagelliflor) oder stammbürtig (kauliflor). Staubblätter oft groß oder vermelrt	viel schleimiger Nektar und viel Pollen	starker, unangenehm muffiger Frucht- und Rübengeruch	erblüht bzw. öffnet sich und duftet nachts	± fleischige Blütenhüllblätter	*Ceiba pentandra, Cobaea scandens,* einige *Agave-* und *Musa-*(Wildbananen-)Arten Nicht in Europa

Narbe dann nicht weiterwachsen, wenn der eine der beiden Chromosomensätze des Narbengewebes mit dem des Pollenschlauches übereinstimmt. Der Mechanismus setzt mindestens drei verschiedene Allele des für den Mechanismus verantwortlichen Gens (S-Gen) voraus, meistens kommen jedoch sehr viel mehr vor, da das entsprechende Gen rasch mutiert. Liegt eine sporophytische Inkompatibilität vor, so kann das Pollenkorn auf der Narbe gar nicht erst auskeimen. Wichtig für die sporophytische Inkompatibilität ist, dass die äußere Wand des Pollenkornes (Exospor) und die darauf befindlichen Proteine des Pollenkittes nicht von der haploiden Spore gebildet sind, sondern vom diploiden Sporophyten aufgelagert werden.

Besonders bei Pionierpflanzen und einjährigen Pflanzen kann Selbstbestäubung (Autogamie) jedoch auch von Vorteil sein. Im Extremfall führt dies zu einer Bestäubung in der geschlossenen, sich auch anschließend nicht mehr öffnenden Knospe (Kleistogamie). Werden Samen ohne Einschaltung von Meiose und Karyogamie direkt gebildet, spricht man von Apomixis. Apomixis ist eine Sonderform der ungeschlechtlichen Vermehrung.

3.3 Befruchtung

Die Samenanlage (Abb. 12) ist mit einem Stielchen (Funiculus) an der Plazenta befestigt. Sie besteht aus einem zentralen Nucellus, der von einer oder zwei Hüllen (Integumenten) umgeben ist. An der Samenanlagenspitze befindet sich ein feiner Kanal (Mikropyle) als Eintrittsstelle für den Pollenschlauch. Aus einer Zelle des Nucellus, der Makrosporenmutterzelle, entsteht unter Reduktionsteilung und weiteren mitotischen Teilungen ein meist achtkerniger, zuletzt siebenzelliger Embryosack; eine Zelle des Embryosacks ist die Eizelle, aus der großen, zweikernigen Zentralzelle wird später das sekundäre Endosperm. Für die Angiospermen (im Gegensatz zu den Gymnospermen!) ist die **doppelte Befruchtung** charakteristisch: Der von einem auf der Narbe gekeimten Pollenkorn gebildete Pollenschlauch wächst durch Griffel, Fruchtknoten und Mikropyle bis zum Embryosack; dort dringt er über eine Nachbarzelle der Eizelle (Synergide) ein, öffnet sich und entlässt zwei Spermakerne, von denen der eine den

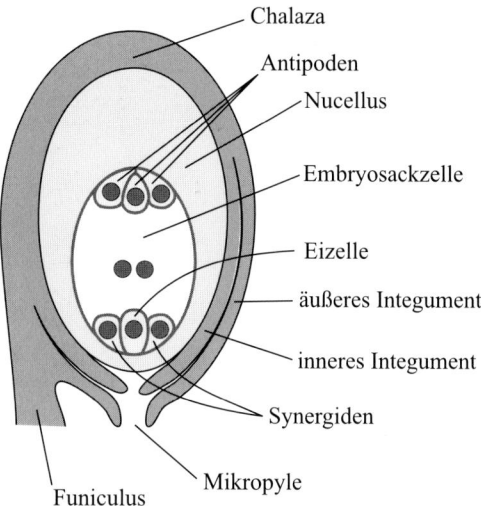

Chalaza

Antipoden

Nucellus

Embryosackzelle

Eizelle

äußeres Integument

inneres Integument

Synergiden

Mikropyle

Funiculus

Abb. 12: Samenanlage im befruchtungsfähigen Zustand (entspricht Abb. 11 H).

Eikern befruchtet, während der andere mit den beiden Kernen der Embryosackzelle verschmilzt und das triploide sekundäre Endosperm bildet. Meist fusionieren zuvor die beiden Kerne der Embryosackzelle und bilden den sekundären Embryosackkern.

3.4 Samenentwicklung

Aus der befruchteten Eizelle entwickelt sich der diploide **Embryo** (Abb. 11 L-O), aus der Endospermanlage ein triploides (3n) Nährgewebe, das **Endosperm** (Abb. 13). Seltener entwickelt sich aus dem Nucellus ein Nährgewebe, das dann **Perisperm** genannt wird und diploid ist. Noch seltener sind Endosperm und Perisperm gemeinsam vorhanden. Im Zuge der Samenreifung entwickeln sich die Integumente zur **Samenschale** (Testa). Wenn sich der reife Same von der Plazenta löst, bleibt oft eine deutliche Narbe (Hilum, „Nabel") an der Samenschale zurück. Das Endosperm kann bereits vom heranwachsenden Embryo vor dem Ausreifen des Samens verbraucht worden sein; dann speichert der Embryo meist in seinen Keimblättern Nährstoffe für die Keimung (Speicherkotyledonen, z.B. Erbse, Eiche), seltener findet die Speicherung im Hypokotyl statt (Paranuss).

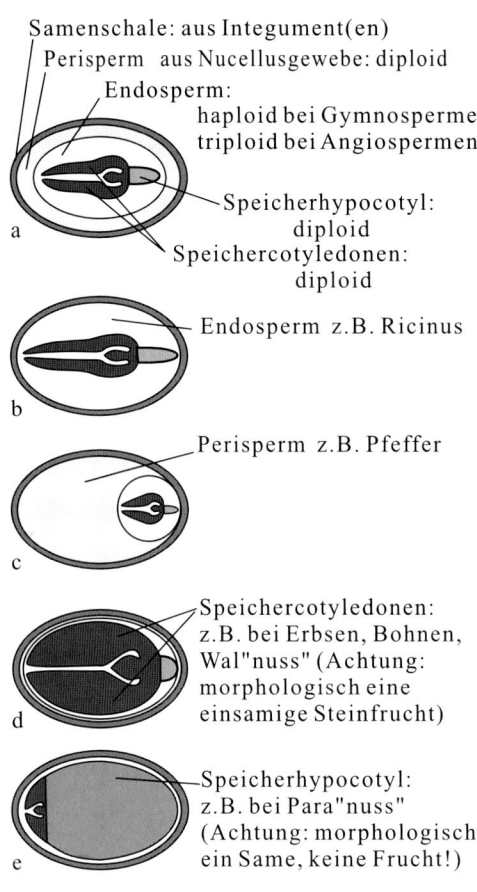

Samenschale: aus Integument(en)

Perisperm aus Nucellusgewebe: diploid

Endosperm:
haploid bei Gymnospermen
triploid bei Angiospermen

Speicherhypocotyl:
diploid

Speichercotyledonen:
diploid

a

Endosperm z.B. Ricinus

b

Perisperm z.B. Pfeffer

c

Speichercotyledonen:
z.B. bei Erbsen, Bohnen,
Wal"nuss" (Achtung:
morphologisch eine
einsamige Steinfrucht)

d

Speicherhypocotyl:
z.B. bei Para"nuss"
(Achtung: morphologisch
ein Same, keine Frucht!)

e

Abb. 13: Nährstoffspeicherung bei Samenpflanzen.
a – Übersicht über die möglichen Orte der Nährstoff-
speicherung; b–e – Beispiele für das Vorkommen
spezifischer Speichermöglichkeiten.

Ein reifer Same besteht also aus dem Embryo, der Samenschale (Testa) und oft einem Endosperm als Nährgewebe. Er dient der Vermehrung und Ausbreitung und kann im Zustand der Samenruhe ungünstigere Umweltbedingungen (Trocken- oder Kälteperioden) überstehen.

Als Anpassung an die Ausbreitung durch Tiere besitzen Samen oft, wie bei *Corydalis* (Lerchensporn), kleine ölhaltige Anhängsel (Elaiosomen), welche die Ausbreitung durch Ameisen begünstigen, oder eine zusätzliche fleischige Hülle (Arillus), wie bei *Taxus* (Eibe). Eine äußere fleischige Samenschale (Sarkotesta) bildet beispielsweise der Ginkgobaum aus. Bei der Tomate ist nur die äußere Schicht der

Samenschale fleischig-schleimig und bewirkt, dass die Samen zwischen den Zähnen von Pflanzenfressern durchrutschen, wie eine nasse Seife in der Badewanne durch die Hände rutscht. Die meisten Tomatensamen gelangen so unzerkaut zur endozoochoren Ausbreitung in den Darmtrakt.

3.5 Diasporenausbreitung

Nach der Bestäubung bildet die Diasporenausbreitung[26] die zweite mobile Phase im Generationswechsel der Samenpflanzen. Bei den Farngewächsen findet sich meist nur eine mobile Phase, da hier der junge Sporophyt direkt auf dem Gametophyten wächst und wurzelt. Diasporen (Ausbreitungseinheiten) sind entweder die Samen[27], Teilfrüchte oder ganze Früchte mit den darin eingeschlossenen Samen. Hinzu können weitere Organe der Mutterpflanze kommen, wie bei der Klette (*Arctium*), wo ein ganzer Fruchtstand ausgebreitet wird. Im Extremfall kann sogar die ganze Pflanze oder wenigstens ihre oberirdischen Teile zur Diaspore werden. Dies gilt zum Beispiel für Steppenroller, bei denen die abgestorbenen Sprosse vom Wind abgerissen und fortgerollt werden (z.B. *Eryngium campestre*). Auch vegetative Teile der Pflanze können ausgebreitet werden. Als Diasporen können dann regenerationsfähige Fragmente einer Pflanze, aber auch spezielle Bildungen dienen, wie zum Beispiel Bulbillen, welche sich von der Pflanze lösen.

Zur Diasporenausbreitung braucht man ein **Ausbreitungsagens** wie Wind, Tier oder Wasser. In selteneren Fällen bildet die Pflanze selbst das Agens, indem sie durch Druck die Diasporen wegschleudert wie bei *Impatiens* (Springkraut) oder *Ecballium* (Spritzgurke). Auch durch Wachstumsbewegungen kann eine

---

26 Damit keine Missverständnisse entstehen, empfiehlt es sich, im Zusammenhang mit der Reproduktion konsequent den Begriff „Ausbreitung" zu verwenden, und den Begriff „Verbreitung" für die geographische Verbreitung von Taxa zu reservieren. So entspricht „Ausbreitung" dem englischen „dispersal" und „Verbreitung" dem englischen „distribution".

27 Die Samen verschiedener Mangrovenpflanzen, z.B. von *Rhizophora*, keimen auf der Mutterpflanze (= echte Vivparie). Diaspore ist in diesem Falle sogar die junge Pflanze.

Pflanze wie zum Beispiel *Arachis* (Erdnuss) die Diasporen entfernt von sich deponieren. Ein System zur Beschreibung der Diasporenausbreitung sollte daher nach den Ausbreitungsagenzien oder nach den Eigenschaften der Diasporen geordnet sein.

3.5.1 Ausbreitungsagenzien

Zoochorie: Tierausbreitung
Die Tierausbreitung kann nach den verschiedenen Tiergruppen gegliedert werden wie zum Beispiel Myrmekochorie für Ausbreitung durch Ameisen, Ornithochorie für Ausbreitung durch Vögel oder Anthropochorie für Ausbreitung durch den Menschen.[28]

Eine zweite wichtige Möglichkeit zur Beschreibung der Ausbreitung durch Tiere ist die Art und Weise, wie die Diasporen ausgebreitet werden. Es kann unterschieden werden zwischen Epizoochorie (Ausbreitung auf der Oberfläche des Tieres, z. B. bei Klettfrüchten), Endozoochorie (Ausbreitung nach Passieren des Darmtraktes, bei allen Diasporen, welche gefressen werden) und Synzoochorie (Diasporen werden verschleppt, aber nicht zerstört, z. B. bei Eichhörnchen, welche Haselnüsse oft vergraben und anschließend vergessen).

Anemochorie: Ausbreitung durch Wind
Hier können drei Typen unterschieden werden. Flieger (z. B. Diasporen mit einem Haarschirm oder Flügel), Roller[29] (Ausbreitung auf dem Boden) und Streuer (Diasporen werden aus oben offenen Behältnissen geschüttelt, wie z. B. aus Mohnkapseln).

Hydrochorie: Ausbreitung durch Wasser
Wasser kann im Wesentlichen auf zwei Arten als Ausbreitungsagens wirken. Entweder sind es fallende Regentropfen, welche kleine Diasporen wegschleudern, wie bei *Thlaspi* (Hellerkraut), die ihre Schötchen waagerecht dem Regen darbieten. Häufiger sind es schwimmfähige Diasporen, welche mit einem Wasserstrom ausgebreitet werden, wie die Samen der am Wasser lebenden *Iris* oder die Diasporen vieler Seggen.

3.5.2 Diasporeneigenschaften

Sollen die ausbreitungsbiologischen Verhältnisse einer Pflanzengemeinschaft beschrieben werden, so kann auch nach den vorherrschenden Diasporeneigenschaften (und z. T. auch nach den Eigenschaften der Mutterpflanze) gefragt werden. In diesem Zusammenhang spielen nur die Eigenschaften eine Rolle, denen eine ausbreitungsbiologische Funktion zugeschrieben wird. Bei der **funktionellen Eigenschaftsbeschreibung** spielt die Morphologie eine untergeordnete Rolle. Für die Funktion ist es zum Beispiel völlig unwichtig, ob eine Testa, ein Perikarp oder nur das Exo- und Mesokarp fleischig ist. Es genügt, wenn die Diaspore für Tiere attraktiv ist. Wird zum Beispiel die Artengemeinschaft einer Hecke oder die Strauchschicht eines Waldes nach vorherrschenden Diasporeneigenschaften untersucht, findet man gehäuft Diasporen mit fleischigem Anhang oder fleischiger Hülle (sarkophore Diasporen), welche die Zoochorie fördern. Dagegen kommen in der Baumschicht eines Waldes gehäuft Diasporen mit Flügeln vor, die die Ausbreitung durch Wind (Anemochorie) befördern. Auch auf Wiesen deuten die Diasporeneigenschaften häufig auf Anemochorie hin. Es sind hier aber eher Eigenschaften wie der Besitz eines Pappus oder Streukapseln, welche die Windenergie ausnutzen.

---

28 Oft kann von den Diasporeneigenschaften auf das ausbreitende Tier geschlossen werden. So werden kleine, rote und fleischige Diasporen wie die Vogelbeere (*Sorbus aucuparia*) häufig durch Vögel ausgebreitet, Diasporen mit kleinen ölhaltigen Anhängseln (Elaiosomen) sind dagegen oft myrmekochor (durch Ameisen ausgebreitet).

29 Natürlicherweise kommen Roller vor allem in Wüsten und Halbwüsten (Steppenroller) vor, wo der Wind kugelförmige Diasporen oft kilometerweit über glatte Oberflächen treibt. In Mitteleuropa behindert die Vegetation diese Ausbreitungsweise weitgehend. Als Roller treten Samen, Früchte, Fruchtstände und auch ganze Pflanzen auf.

3.6 Keimung

Nach der Diasporenausbreitung und Etablierung an einem potenziellen Wuchsort kommt es zur Samenkeimung. Bei der Keimung wächst zuerst die Keimwurzel oder das Hypokotyl aus der aufgesprengten Samenschale heraus. Im Verhalten der Keimblätter gibt es zwei (durch Übergänge verbundene) Typen (Abb. 14): Bei der **epigäischen** Keimung gelangen die Keimblätter durch Streckung des Hypokotyls über die Erde, sie können ergrünen und dienen dann als erste Assimilationsorgane (z. B. Radieschen,

Buche, Rizinus). Bei der epigäisch keimenden Küchenzwiebel und vielen anderen Monokotyledonen bleibt das Hypokotyl gestaucht, doch verlängert sich die Keimblattbasis. Bei der **hypogäischen** Keimung bleiben die Keimblätter ± in der Samenschale eingeschlossen, ergrünen nicht und dienen ausschließlich als Nährstoffspeicher (z. B. Feuerbohne, Eiche) oder resorbieren die Endosperm-Nährstoffe (z. B. Dattelpalme). Das Hypokotyl bleibt gestaucht. Das erste Internodium über den Keimblättern (Epikotyl) oder bei Monokotyledonen die Scheide des ersten Laub- beziehungsweise Niederblattes wird dagegen vielfach stark verlängert.

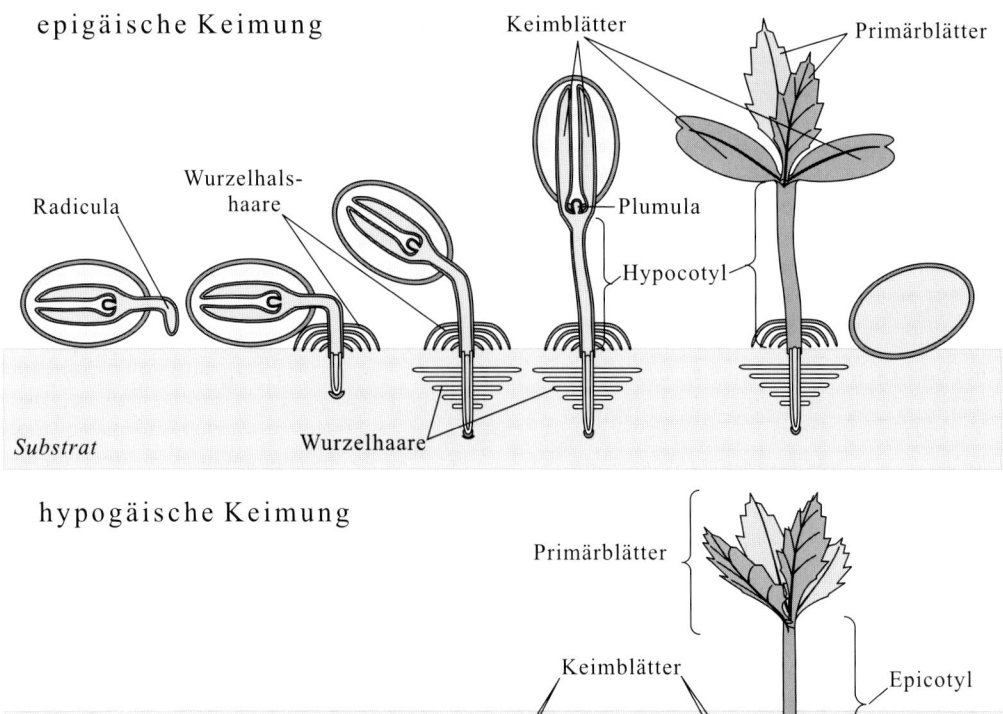

Abb. 14: Keimungstypen.

4 Morphologie und Systematik

4.1 Stammesgeschichtliche Verwandtschaft

Morphologie ist die Lehre von der äußeren Gestalt. Da die äußere Gestalt leichter, schneller und billiger zu ermitteln ist als viele andere Eigenschaften von Pflanzen und von vielen (z. B. fossilen oder seltenen rezenten) Pflanzen auch keine anderen Daten vorliegen, spielt die vergleichende Morphologie immer noch eine bedeutende Rolle in der systematischen Botanik. Andere Methoden, wie biochemische Charakterisierung oder Sequenzanalysen von Plastidengenomen oder t-RNA Molekülen, sind aufwändiger, teurer und setzen in der Regel lebendes Material voraus, das vielfach nicht beschafft werden kann.

Die Morphologie wird ergänzt durch die **Anatomie**. Beide Begriffe und Aufgabengebiete sind nicht klar gegeneinander abgegrenzt. Sicher ist nur, dass das, was in der Botanik als Anatomie bezeichnet wird, in der Zoologie Histologie genannt wird.

Ziel der morphologischen Analyse ist die Aufklärung von Strukturähnlichkeiten verschiedener Organismen. Zunächst ist die Feststellung von **Homologie** eine Festsetzung, die aufgrund von Bauplanähnlichkeiten getroffen wird, und noch nichts mit Ursprungsgleichheit im stammesgeschichtlichen Sinn zu tun hat. Ähnlich wie ein Rennauto (Tourenwagen) nach der Produktion von 500 straßentauglichen Exemplaren die „Homologation" (die rennsportrechtliche Gleichstellung) mit einem Serienauto erhält, werden zwei morphologische Strukturen, wenn sie nur genügend ähnlich sind, homolog gesetzt, das heißt als phylogenetisch gleichwertig betrachtet.

Trotzdem ist die Feststellung von Homologien die Voraussetzung für jede weitere taxonomische Arbeit. Die wichtigsten **Homologiekriterien**, die auf den Zoologen ADOLF REMANE zurückgehen, sind:
a) das Kriterium der Lage (Lagekriterium),
b) das Kriterium der speziellen Qualität (Qualitätskriterium),
c) das Kriterium der Verknüpfung durch Zwischenformen (Stetigkeitskriterium).[30]

Strukturen, die ähnlich aussehen, aber auf verschiedenen Bauplänen (Haifisch und Delfin, Grabhand von Maulwurf und Maulwurfsgrille, Sprossranken von Wein und Blattranken von Erbsen) und auf ähnlicher Lebens- oder Funktionsweise basieren, werden als **analog** bezeichnet.

Obwohl Homologie mit stammesgeschichtlicher Ursprungsgleichheit erklärt werden kann, darf aus Homologie nicht unbedingt auf stammesgeschichtliche Verwandtschaft geschlossen werden. Die Arbeitshypothese der Botanik ist eine monophyletische Entstehung des Pflanzenreiches, beginnend bei den eukaryontischen Algen. Es ist also sowieso alles miteinander verwandt. Die Aufgabe ist daher nicht, herauszufinden, ob zwei Organismen verwandt sind oder nicht, sondern wie eng sie verwandt sind. Die Feststellung von Homologien ist dafür zwar nach wie vor entscheidend, muss aber mit Vorsicht gehandhabt werden. Dass alle Biologiestudierenden die Nase mitten im Gesicht haben, ist zweifellos eine Homologie; dass deswegen aber zwei bestimmte Stu-

---

30 Dazu kommen nach REMANE (1956) noch Hilfskriterien: (d) Selbst einfache Strukturen können für homolog erklärt werden, wenn sie bei einer großen Zahl nächstähnlicher Arten auftreten; (e) Die Wahrscheinlichkeit der Homologie einfacher Strukturen wächst mit dem Vorhandensein weiterer Ähnlichkeiten im gleichen Artenbereich; (f) Die Wahrscheinlichkeit der Homologie von Merkmalen sinkt mit der Häufigkeit des Auftretens dieses Merkmals bei sicher nicht verwandten Arten. Diese Hilfskriterien bergen insbesondere die Gefahr von Zirkelschlüssen: Homologie wird gerne als phylogenetisch bedingte Ähnlichkeit definiert. Tut man dies und schließt dann von Homologien auf den Verwandtschaftsgrad, ist dies ein Zirkelschluss! In der Praxis werden oft bestimmte, allgemein angenommene Homologien zur Begründung anderer Homologien herangezogen. Dies ist noch kein Zirkelschluss, wenn Annahmen und Schlussfolgerungen sauber voneinander getrennt sind und bleiben.

dierende aufgrund ihrer Ähnlichkeit enger miteinander als mit anderen verwandt wären, ist rundweg abzustreiten. Aus den anthropologischen Untersuchungen zum Beispiel in Vaterschaftsprozessen weiß man jedoch, dass man auch sehr aussagekräftige Merkmale (sogar morphologische) finden kann, um eine enge Verwandtschaft zu belegen.

Daran ist zu sehen, dass es nicht genügt, Homologien zu finden und ihre Anzahl abzuzählen, um phylogenetische Verwandtschaft festzustellen. Man braucht hierzu Merkmale, die zwei oder mehr als nächstverwandt betrachtete Taxa miteinander verbinden und zugleich von allen anderen, weniger verwandten Taxa trennen. Ein solches homologes Merkmal nennt man **Synapomorphie** (gemeinsames abgeleitetes Merkmal). Für die Stammform, bei der dieses Merkmal zum ersten Mal auftritt, ist es eine Autapomorphie (neu auftretendes, abgeleitetes Merkmal). Gemeinsame Merkmale, die zwar homolog sind, aber die untersuchte Verwandtschaft nicht belegen, weil sie zwar die als nächstverwandt betrachteten Taxa verbinden, sie aber nicht von anderen trennen, nennt man Symplesiomorphien (gemeinsame ursprüngliche Merkmale). Nächstverwandtschaft kann nur mit Apomorphien begründet werden, Plesiomorphien dürfen verständlicherweise nicht herangezogen werden, obwohl es sich hier ebenfalls um Homologien handelt.

Nun gibt es Ähnlichkeiten, die sehr auffallend sind und trotzdem keine Homologie darstellen. Verschiedene Stammsukkulente (z. B. Euphorbiaceae, Cactaceae, Asclepiadaceae und Asteraceae) haben alle eine sukkulente Sprossachse. Die Tatsache, dass diese Pflanzen an ganz verschiedenen Stellen im Pflanzensystem stehen, zeigt aber schon, dass wir diese „kaktoide" Form nicht von einer „Ursukkulenten" ableiten. Solche Entwicklungen, die von einer homologen Ausgangsbasis (der Sprossachse) unabhängig zum selben Ziel laufen, werden **Parallelismen** genannt. Als **Konvergenz** bezeichnet man dagegen die Entstehung ähnlicher und funktionell übereinstimmender Formen aus verschiedener, nicht homologer Ausgangsbasis. Spross und Blatt sind zum Beispiel nicht homolog, Sprossranke und Blattranke dagegen funktionell und morphologisch ähnlich, so dass hier eine Konvergenz vorliegt. Die Dornen von Weißdorn und Berberitze stellen ebenfalls eine Konvergenz dar,

im ersten Fall sind sie aus gestauchten Kurztrieben (Sprossdornen) entstanden, im zweiten aus umgewandelten Blättern (Blattdornen). Durch Konvergenz entstandene Bildungen bezeichnet man als analog beziehungsweise Analogien. Parallelismen und Konvergenzen fasst man als **Homoplasie** zusammen (WAGENITZ 1996). Homoplasien täuschen dem, der sie nicht erkennt, eine engere stammesgeschichtliche Verwandtschaft vor als tatsächlich besteht.

Bei dem in Knoten und Internodien gegliederten Aufbau einer Pflanze kann man, ähnlich wie bei einem metamer aufgebauten Regenwurm, auch eine serielle Homologie feststellen. Dabei werden nicht homologe Strukturen verschiedener Organismen verglichen, sondern entsprechende Bauteile aus einem in gleichartige Segmente gegliederten Bauplan. Jedes Blatt ist jedem anderen Blatt homolog, genau so wie das Nephridium im einen Segment des Regenwurms dem in einem beliebigen anderen Segment homolog ist. Es gibt aber Blätter, die, wie die Keimblätter oder die Vorblätter, eine ganz spezifische Stellung haben und im engeren Sinn nicht mit jedem anderen Blatt homologisiert werden dürfen.

Einfache Homologien werden bei der Anwendung von Fachbegriffen implizit vorausgesetzt. Es ist nur sinnvoll, für Bildungen an verschiedenen Organismen die gleichen Begriffe zu verwenden, wenn sie auch gleichwertig sind. Da die Anwendung von Termini vielfach bereits eine Aussage über Homologie oder Analogie enthält, ist das Wissen um den theoretischen Inhalt der Begriffe entscheidend für die wissenschaftliche Kommunikation.

4.2 Taxonomie und Nomenklatur

Während in Kapitel 4.1 das Problem des Nachweises stammesgeschichtlicher Verwandtschaft diskutiert wurde, befassen wir uns an dieser Stelle mit der Frage: „Wie wird nähere oder fernere Verwandtschaft durch ein hierarchisches System beschrieben". Hierfür ist ein ganzer Zweig der Botanik, die Taxonomie[31]

---

31 Taxon (pl. Taxa): Eine systematische Gruppe beliebigen Ranges, wie z. B. Art, Gattung, Familie etc.; deutsch am besten mit „Sippe" zu übersetzen.

(= Systematik) zuständig. Die Rangstufen drücken im (nicht erreichbaren) Idealfall den Grad der Verwandtschaft der zusammengefassten Taxa aus. Angegeben ist jeweils die Kategorie und die übliche Endung.

Systematische Kategorien und ihre Endungen

Abteilung (phylum, divisio): -phyta, -mycota bei den Pilzen
  Unterabteilung (subphylum, subdivisio): -phytina, -mycotina bei den Pilzen
    Klasse (classis):
        bei den Gefäßpflanzen -opsida oder -atae
        bei den Algen -phyceae
        bei den Pilzen -mycetes
        bei den Flechten -lichenes

      Unterklasse (subclassis): -idae
        bei den Algen -phycidae
        bei den Pilzen -mycetidae
      Überordnung (superordo, cohors): -anae
       Ordnung, Reihe (ordo): -ales
         Unterordnung (subordo): -ineae
         Familiengruppe: -ineales
          Familie (familia): -aceae
           Unterfamilie (subfamilia): -oideae
           Tribus (tribus): -eae
           Subtribus (subtribus): -inae
          Gattung (genus)
           Untergattung (subgenus)
           Sektion (sectio)
            Untersektion (subsectio)
           Serie (series)
          Art (species)
           Unterart (subspecies)
           Varietät (varietas)
            Untervarietät (subvarietas)
            Form (forma)

Die praktisch immer benutzten systematischen Rangstufen sind fett gedruckt. Der Umfang verschiedener Taxa einer Rangstufe kann recht verschieden sein. So umfasst die Gattung *Euphorbia* (Wolfsmilch) zum Beispiel 1600 Arten, *Fagus* (Buche) dagegen nur 10. Von *Cannabis* kennt man nur eine Art. Solche Gattungen nennt man monotypisch. Es gibt auch monotypische Familien wie zum Beispiel die Hippuridaceae mit nur einer Art (*Hippuris vulgaris*, Tannenwedel).

Die Fülle von taxonomischen Begriffen und Vorschriften muss verbindlich für alle Botaniker geregelt sein, da sonst eine babylonische Verwirrung die ohnehin komplexen Probleme der Systematik noch zusätzlich erschweren würde.[32] Die Regeln sind im „ICBN" = Internationalen Code der Botanischen Nomenklatur (GREUTER et al. 2000) veröffentlicht. Einige wichtige Begriffe und Definitionen daraus sind:

Wirksam/unwirksam bezieht sich auf den Ort der Veröffentlichung eines Namens. Ein neues Taxon muss, um wirksam publiziert zu sein, in einer wissenschaftlichen Zeitschrift veröffentlicht sein oder durch Verteilung von Druckschriften allgemein zugänglich gemacht werden.

---

32 Allein die Angiospermen werden auf 250 000 Arten geschätzt, welche zueinander in den unterschiedlichsten Verwandtschaftsbeziehungen stehen!

Gültig/ungültig bezieht sich auf die Art und Weise der Veröffentlichung. Eine wirksame Veröffentlichung muss, um auch gültig veröffentlicht zu sein, von einer lateinischen Diagnose oder Beschreibung begleitet sein, und der Typus (d. h. der Herbarbeleg, auf den sich die Beschreibung bezieht) muss angegeben sein.

Legitim sind Namen, die den Regeln des Codes der botanischen Nomenklatur entsprechen. **Illegitim** sind Namen, die überhaupt nicht gültig veröffentlicht werden können, zum Beispiel weil sie schon für ein anderes Taxon (dann mit anderem Autor) verwendet worden sind (Homonym). Solche später veröffentlichten jüngeren Homonyme sind ebenso wie Tautonyme (Epitheton wiederholt den Gattungsnamen) immer illegitim.

Der **korrekte** Name mit bestimmter systematischer Stellung und Umgrenzung eines Taxons ist derjenige legitime Name, der nach den Regeln des Codes angenommen werden muss. Vereinigt man zum Beispiel die Gattungen *Ranunculus* und *Ficaria* zu einer Gattung, so ist der korrekte Name des Scharbockskrautes *Ranunculus ficaria* L., betrachtet man *Ficaria* als eigene Gattung, so muss es *Ficaria verna* Huds. heißen (der Name *Ficaria ficaria* ist ein Tautonym und daher illegitim; da ein neues Epitheton gewählt werden muss, gibt es hier keinen Autorennamen in Klammern, obwohl es sich um einen neuen Namen für ein bereits bekanntes Taxon handelt). Ein Name muss immer eindeutig sein und darf nie für verschiedene Taxa verwendet werden. Ein Taxon kann aber mehrere korrekte lateinische Namen haben, je nach der systematischen Auffassung des Taxonomen!

Akzeptiert werden können nur korrekte Namen. Nicht akzeptiert werden Namen, die man als Synonyme betrachtet. Bei den Synonymen hat man zwischen nomenklatorischen Synonymen und taxonomischen Synonymen zu unterscheiden.

Synonyme liegen vor, wenn für ein Taxon mehrere Namen existieren. Man unterscheidet dann:

Nomenklatorische (homotypische) Synonyme sind Synonyme, die auf dem gleichen Typus basieren, zum Beispiel *Eriocaulon nitidum* Bong., *Paepalanthus nitidus* (Bong.) Koern, *Syngonanthus nitidus* (Bong.) Ruhl. Da alle drei Namen auf demselben Beleg (also einer einzigen herbarisierten Pflanze) basieren, handelt es sich zweifelsfrei um eine einzige Art.

Taxonomische (heterotypische) Synonyme basieren auf verschiedenen Typusbelegen, die vom Bearbeiter derselben Art zugerechnet werden. Entsprechend der Prioritätsregel ist der älteste verfügbare Name für das Taxon zu verwenden. Da hier verschiedene Belege zugrunde liegen, könnte es sich wenigstens theoretisch immer noch um verschiedene Arten handeln.[33]

Der Beleg, der der Beschreibung einer neuen Art zugrunde liegt, ist der Holotypus. Dubletten des Holotypus werden als Isotypen bezeichnet. Paratypen sind alle anderen Belege, die im Protolog (in den Angaben, die der Orginalveröffentlichung des Taxons beigefügt sind) genannt und keine Dubletten des Holotypus sind. Wenn im Protolog mehrere Belege genannt sind und keiner davon als Holotypus bezeichnet ist, sind alle Belege Syntypen (nur vor 1958 möglich!). Wenn der Holotypus verloren gegangen ist oder kein Holotypus benannt wurde, kann ein Lectotypus aus den Isotypen beziehungsweise den Syntypen ausgewählt werden. Ist alles Material, das im Protolog genannt ist, verloren, so kann ein Neotypus bestimmt werden. Unter bestimmten Voraussetzungen kann auch eine Zeichnung, die alle wichtigen Details erkennen lässt, als Iconotypus fungieren.

Diese Typen sind für die Anwendung von Pflanzennamen bindend. Die Bezeichnung beinhaltet keineswegs, dass diese Belege besonders „typisch" oder repräsentativ für das Taxon sind. Sie sind vielmehr vielfach eine rein historisch bedingte, zufällige Auswahl.

---

33 Eine Quelle der Verwirrung und ständigen Ärgers sind die so genannten „falschen Anwendungen" eines Namens. Bei schwer unterscheidbaren Arten oder wenn Bestimmungen aufgrund von nicht (mehr) ausreichenden Diagnosen bewerkstelligt werden müssen, können Irrtümer passieren. Der Botaniker Martius hat z. B. den Namen *Eriocaulon rigidum* Bong. irrtümlich für eine andere, später als *Paepalanthus falcifolius* Koern. beschriebene Art verwendet. Das korrekte Zitat des falsch angewendeten Namens ist *Eriocaulon rigidum* Mart. non Bong. In der älteren Literatur wird aber vielfach das „non Bong." weggelassen. Überprüft man dann die Literaturangabe zu *Eriocaulon rigidum* Mart., so findet man an der angegebenen Stelle stattdessen *Eriocaulon rigidum* Bong. Derselbe Name kann von mehreren Autoren falsch angewendet werden, man hätte dann zu zitieren *E. rigidum* auct. non Bong. Nur durch Überprüfen der Originalliteratur ist es in solchen Fällen möglich zu entscheiden, ob eine falsche Anwendung oder ein jüngeres Homonym vorliegt.

5 Die Hauptgruppen der Angiospermen

Innerhalb der Angiospermen lassen sich zwei Klassen abgrenzen, die **Dicotyledonen** und die **Monocotyledonen**, die sich nicht nur in der Zahl der Keimblätter, sondern auch in mehreren weiteren Merkmalen beziehungsweise Entwicklungstendenzen unterscheiden, von denen in Tab. 3 nur die wichtigsten angeführt werden. Neuere Untersuchungen haben gezeigt, dass die ursprünglichen Dicotyledonen (Magnoliopsida) näher mit den ursprünglichen Monocotyledonen als mit den modernen Dicotyledonen (Rosopsida, „Eudicots") verwandt sind. Wegen der praktischen Bedeutung wird die alte Gegenüberstellung vorgestellt.

Weitere Unterschiede bestehen zum Beispiel im Bau der Pollenkornwand. Sie hat bei Monocotyledonen (und wenigen ursprünglichen Dicotyledonen) nur eine Apertur (= Austrittsstelle für den Pollenschlauch), bei den modernen Di-

cotyledonen (Rosopsida) dagegen drei, seltener mehr Aperturen. Ferner bestehen Unterschiede im Vorherrschen bestimmter Nektarientypen (Septalnektarien nur bei Monocotyledonen, Achsennektarien nur bei Dicotyledonen), embryologischer Merkmale (Pollenentwicklung, Endospermentwicklung) oder chemischer Merkmale (Inhaltsstoffe).

Obwohl es bei allen diesen Merkmalen Ausnahmen gibt, ist in kaum einem Fall strittig, ob eine Pflanze zu den Mono- oder Dicotyledonen zu rechnen ist, sobald man die Gesamtheit ihrer Merkmale betrachtet. Viele Monocotyledonen-Merkmale treten gehäuft bei denjenigen Familien der Dicotyledonen auf, die vermutlich den ursrpünglichen dikotylen Vorfahren der Monocotyledonen nahestehen (in der Unterklasse Magnoliidae, z.B. bei den Nymphaeaceae, Annonaceae, Aristolochiaceae); doch können zum

Tab. 3: Die wichtigsten Unterschiede zwischen Monocotyledonen und Dicotyledonen

Dicotyledonen (Magnoliatae/Magnoliopsida)	Monocotyledonen (Liliatae/Liliopsida)
2 gegenständige Keimblätter, Sprossvegetationspunkt terminal	1 laterales, den Sprossvegetationspunkt zur Seite abdrängendes und daher nur scheinbar terminales Keimblatt
langlebige Primärwurzel	Primärwurzel früh durch sprossbürtige Wurzeln ersetzt (sekundäre Homorhizie)
ursprünglich verholzt; Leitbündel im Querschnitt kreisförmig angeordnet; Kambium zwischen Phloem und Xylem (= offene Leitbündel), daher sekundäres Dickenwachstum möglich	ursprünglich krautig; Leitbündel zerstreut angeordnet; Kambium fehlend (= geschlossene Leitbündel), daher kein sekundäres Dickenwachstum möglich
Laubblätter netznervig mit kräftigem Mittelnerv, meist gestielt, selten mit Blattscheiden	Laubblätter parallelnervig, meist ungestielt, oft mit Blattscheiden
Blattstellung meist zerstreut wechselständig, Seitenachsen meist mit 2 transversalen Vorblättern (Abb. 5a)	Blattstellung verbreitet distich, an Seitenachsen meist 1 medianes Vorblatt (Abb. 5b)
Blüten oft aus 5- oder 4-zähligen Wirteln bestehend (häufig mit in Kelch und Krone gegliedertem Perianth)	Blüten meist aus 3-zähligen Wirteln bestehend (häufig 2 Kreise gleich gestalteter Perigonblätter)

Tab. 4: Beispiele von Merkmalsprogressionen innerhalb der Angiospermen[34]

ursprünglich	abgeleitet
pollacanthe Halbsträucher wie die Strauch-päonien	mehrjährige Kräuter → einjährige Kräuter (hapaxanth), Sträucher → Bäume
zwittrige Blüten	eingeschlechtige Blüten
Anzahl der Blütenorgane nicht fixiert, Blütenorgane frei (Synorganisation zwischen den Organen fehlend)	Anzahl der Blütenorgane fixiert, Blütenorgane verwachsen (zunehmende Synorganisation auch zwischen verschiedenen Organtypen)
Blütenhülle einfach (Perigon)	Blütenhülle doppelt (Kelch, Krone), sekundär oft 1fach oder fehlend
Anordnung und Anzahl der Staubblätter nicht stabilisiert (oft spiralig)	Staubblätter auf 2–1 Kreisen (wirtelig)
apokarpe Gynoeceen	coenokarpe Gynoeceen
Plazentation zentralwinkelständig	Plazentation parietal oder zentral
vielsamige Öffnungsfrüchte	einsamige Schließfrüchte oder vielsamige Beeren
Samen mit Endosperm	Samen ohne Endosperm (mit Speicherkotyledonen)
Blütenstand: geschlossene Rispe	Blütenstand: Traube – Köpfchen
Einzelblüte bildet Bestäubungseinheit (Euanthium)	viele Blüten bilden Bestäubungseinheit (Pseudanthium)
Insektenbestäubung (Entomophilie)	Windbestäubung (Anemophilie) oder spezialisierte Zoophilie

Beispiel typische Monocotyledonenblätter oder Einkeimblättrigkeit vereinzelt auch bei stärker abgeleiteten Dicotyledonen vorkommen.

Früher wurde die Ausbildung der Blütenhülle (frei oder verwachsen, in Kelch und Krone gegliedert oder ungegliedert) als hochrangiges systematisches Merkmal angesehen. Ältere Lehrbücher und zahlreiche Schulbücher spiegeln dies noch wider. Die Begrenzung und Anordnung der höheren Taxa ist vielfach immer noch umstritten. Die meisten heute anerkannten Familien dürften dagegen natürlichen Einheiten entsprechen.

Die Tab. 4 gibt Beispiele für Merkmalsprogressionen bei den Angiospermen.

Die Tab. 5 enthält zusätzlich die in Kapitel 6.2 vorgestellten Familien.

---

34 Nicht immer ist die Entwicklungsrichtung eines Merkmals so eindeutig zu bestimmen, wie hier dargestellt! Ein bestimmtes Merkmal kann z.B. in einem Verwandtschaftskreis ursprünglich, in einem anderen abgeleitet sein. Im konkreten Fall kann in der Phylogenie auch einmal eine umgekehrte Entwicklung eintreten. Solche „reversals" stellen die Systematiker vor große Probleme. Erschwerend kommt hinzu, dass innerhalb eines Verwandtschaftskreises ursprüngliche und abgeleitete Merkmale nebeneinander auftreten können, ein Phänomen, welches **Heterobathmie** genannt wird.

Tab. 5: Stellung der Familien aus Kapitel 6 im System der Angiospermen

Rosopsida	Ranunculidae	Ranunculanae	Ranunculales	Ranunculaceae
	Caryophyllidae	Caryophyllanae	Caryophyllales	Caryophyllaceae
		Polygonanae	Polygonales	Polygonaceae
	Rosidae s. lat.	Saxifraganae	Saxifragales	Saxifragaceae
		Rosanae	Geraniales	Geraniaceae
			Rosales	Rosaceae
		Faganae	Fagales	Fagaceae
				Betulaceae
		Fabanae	Fabales	Fabaceae
		Rutanae	Sapindales	Aceraceae
		Capparanae	Capparales	Brassicaceae
		Violanae	Euphorbiales	Euphorbiaceae
	Asteridae s.lat.	Ericanae	Ericales	Ericaceae
		Primulanae	Primulales	Primulaceae
		Rubianae	Rubiales	Rubiaceae
		Solananae	Solanales	Solanaceae
			Boraginales	Boraginaceae
		Lamianae	Scrophulariales	Scrophulariaceae
			Lamiales	Lamiaceae
		Aralianae	Apiales	Apiaceae
		Asteranae	Campanulales	Campanulaceae
			Asterales	Asteraceae
Liliopsida	Liliidae	Lilianae	Liliales	Liliaceae
			Asparagales	Iridaceae
				Amaryllidaceae
			Orchidales	Orchidaceae
	Commelinidae	Commelinanae	Poales	Poaceae
		Juncanae	Juncales	Juncaceae
			Cyperales	Cyperaceae

6 Wichtige einheimische Pflanzenfamilien

Unter der **Flora** eines Gebietes versteht man die Gesamtheit der in ihm vorkommenden Pflanzensippen (Arten, Unterarten usw.). Auch Pflanzenbestimmungsbücher (mit Schlüsseln) oder Fundortverzeichnisse der Pflanzen eines Gebietes werden „Flora" genannt: Flora von Deutschland, Flora von Bochum, Flora Europaea usw. Dagegen bezeichnet man als **Vegetation** die Gesamtheit der Pflanzengesellschaften eines Gebietes, zum Beispiel die verschiedenen Wald-, Rasen-, Wasserpflanzen-Gesellschaften (siehe Literatur Kap. 9).

Die **Formenmannigfaltigkeit** der mitteleuropäischen Flora ist, verglichen etwa mit dem Mittelmeergebiet oder den Tropen, aus erdgeschichtlichen und klimatischen Gründen nicht besonders groß. In der Bundesrepublik wurden etwa 4100 eingebürgerte Farn- und Samenpflanzensippen festgestellt (inkl. Apomikten), davon ca. 3670 Einheimische und Archäophyten (= Altbürger, schon vor 1500 eingebürgert) und etwa 430 Neophyten (Neubürger, nach 1500 eingebürgert) (WISSKIRCHEN & HAEUPLER 1998). Hinzu kommen viele ursprünglich nicht bei uns heimische forst- oder landwirtschaftlich kultivierte Arten, verwilderte Zierpflanzen und nur vorübergehend eingeschleppte (adventive) Fremdpflanzen. Im Messtischblatt Bochum wurden im Rahmen des internationalen Projektes „Kartierung der Flora von Mitteleuropa" bisher etwa 983 Arten von Farn- und Samenpflanzen notiert[35], von denen viele nur noch vereinzelt zu finden sind.

Nach der **Roten Liste** der gefährdeten Pflanzen in der Bundesrepublik Deutschland (KORNECK et al. 1996) sind knapp ein Drittel unserer Farn- und Samenpflanzenarten (Einheimische und Archäophyten), insgesamt 943 (31,5 %), gefährdet oder in letzter Zeit nicht mehr nachgewiesen worden. Hiervon sind 47 Arten (1,6 %) ausgestorben bzw. verschollen, 118 (3,9 %) vom Aussterben bedroht, 273 (9,1 %) stark gefährdet, 381 (12,7 %) gefährdet, 92 (3,1 %) potenziell gefährdet und bei 36 (1,1 %) ist eine Gefährdung anzunehmen. Eine ähnliche Bilanz zeigt sich bei vielen anderen Organismengruppen und in allen Ländern, in denen bisher genauere Erhebungen angestellt wurden. Hauptursache für diese erschreckende Bilanz ist die großflächige Vernichtung oder Veränderung von Lebensräumen durch den Menschen, bei uns zum Beispiel durch Baumaßnahmen, Trockenlegung oder Verschmutzung von Feuchtstandorten, forstliche Monokulturen, Intensivierung der Landwirtschaft (Düngung, Herbizide, Flurbereinigung), Aufgabe der früher verbreiteten extensiven Weidewirtschaft auf Trockenrasen und Heiden. Nur bei einigen wenigen auffälligeren Arten spielt auch die gezielte Ausrottung durch Pflücken und Ausgraben eine Rolle.

Von den etwa 4100 einheimischen und eingebürgerten Gefäßpflanzensippen Deutschlands sind nur etwa 90 Farnpflanzensippen und 9 Gymnospermensippen, alle übrigen gehören zu den Angiospermen (davon mehr als 75 % zu den Dicotyledonen, knapp 25 % zu den Monocotyledonen).[36] Über 60 % aller in Deutschland wild vorkommenden oder großflächig in der Land- und Forstwirtschaft kultivierten Angiospermenarten gehören zu nur 12 der etwa 120 bei uns vertretenen Familien.

Die 12 wichtigsten Familien geordnet nach Artenzahlen sind:

Asteraceae (Korbblütler), Seite 73
Rosaceae (Rosengewächse), Seite 52
Poaceae (Süßgräser), Seite 83
Brassicaceae (Kreuzblütler), Seite 64
Scrophulariaceae (Rachenblütler), Seite 68
Cyperaceae (Riedgräser), Seite 82

---

35 Ohne Kulturpflanzen aus Landwirtschaft und Gartenbau.
36 Zum Vergleich die geschätzten Artenzahlen weltweit: 10 000 Farnpflanzen, 800 Gymnospermen (Coniferophytina + Cycadophytina), 66 000 Monocotyledonen, 174 000 Dicotyledonen.

Fabaceae (Schmetterlingsblütler), Seite 54
Caryophyllaceae (Nelkengewächse), Seite 61
Apiaceae (Doldenblütler), Seite 58
Lamiaceae (Lippenblütler), Seite 70
Ranunculaceae (Hahnenfußgewächse), Seite 49
Liliaceae s. l. (Liliengewächse), Seite 76

Wer diese 12 Familien sicher kennt, kann damit bei mehr als der Hälfte aller Arten die Bestimmung sofort im Schlüssel der jeweiligen Familie beginnen. Die Verbreitung und die Artenzahlen der einzelnen Familien sind jeweils aufgeführt.[37]

Es gibt zwar in Deutschland vergleichsweise wenige einheimische Arten von Bäumen, diese sind in den Wäldern jedoch vegetationsbestimmend. Die wichtigsten Arten sind:
Fagus sylvatica L. (Rot-Buche; Fagaceae)
Quercus robur L. (Stiel-Eiche; Fagaceae)
Acer pseudoplatanus L. (Berg-Ahorn; Aceraceae)
Picea abies (L.) H. Karst. (Gewöhnliche Fichte; Pinaceae)
Pinus sylvestris L. (Wald-Kiefer; Pinaceae)
Fraxinus excelsior L. (Gewöhnliche Esche; Oleaceae)
Carpinus betulus L. (Weißbuche, Hainbuche; Betulaceae)

Neben den 12 wichtigsten Familien und den 8 wichtigsten Gehölzen sollte man als Biologe die in Deutschland in der Landwirtschaft und im Gemüsebau angebauten Nutzpflanzen kennen. Es sind dies in der Landwirtschaft vor allem:
Triticum aestivum L. (Weizen; Poaceae)
Secale cereale L. (Roggen; Poaceae)
Hordeum vulgare L. (Gerste; Poaceae)
Avena sativa L. (Hafer; Poaceae)
Zea mays L. (Mais; Poaceae)
Solanum tuberosum L. (Kartoffel; Solanaceae)
Beta vulgaris L. (Zuckerrübe, Futterrübe, Runkelrübe, Rote Rübe, Mangold; Chenopodiaceae)
Brassica napus L. (Raps; Brassicaceae)

Im Gemüsebau gehören zu den wichtigsten Arten:
Daucus carota L. (Möhre; Apiaceae)
Apium graveolens L. (Sellerie; Apiaceae)
Foeniculum vulgare Mill. (Fenchel; Apiaceae)
Petroselinum crispum (Mill.) Nyman ex A. W. Hill (Petersilie; Apiaceae)
Lactuca sativa L. (Kopfsalat; Asteraceae)
Cichorium endivia L. (Endivie; Asteraceae)
Brassica oleracea L. (Gemüsekohl, Weiß-, Rot-, Blumen-, Grünkohl, Brokkoli, Wirsing, Kohlrabi; Brassicaceae)
Raphanus sativus L. (Radieschen; Rettich; Brassicaceae)
Lepidium sativum L. (Garten-Kresse; Brassicaceae)
Pisum sativum L. (Erbse, Fabaceae)
Phaseolus vulgaris L. (Garten-Bohne; Fabaceae)
Spinacia oleracea L. (Spinat; Chenopodiaceae)
Beta vulgaris L. (Rote Beete; Chenopodiaceae)
Valerianella locusta (L.) Laterr. (Feldsalat, Ackersalat; Rapunzel; Valerianaceae)
Cucumis sativus L. (Gurke; Cucurbitaceae)
Cucurbita pepo L. (Kürbis, Zucchini; Cucurbitaceae)
Allium porrum L. (Lauch; Liliaceae bzw. Alliaceae)
Allium cepa L. (Küchenzwiebel; Liliaceae bzw. Alliaceae)
Asparagus officinalis L. (Spargel; Liliaceae bzw. Asparagaceae)
Lycopersicon esculentum Mill. (Tomate; Solanaceae)
Capsicum annuum L. (Paprika; Solanaceae)
Fragaria × *magna* Thuill. (Garten-Erdbeere; Rosaceae)

---

37 Einige dieser Familien, besonders die Asteraceae, Fabaceae und Poaceae, sind weltweit verbreitet. Andere Familien wie die Ranunculaceae oder Caryophyllaceae haben ihren Verbreitungsschwerpunkt in gemäßigten oder wie die Orchidaceae, Rubiaceae und Euphorbiaceae in tropischen Zonen. Die zehn weltweit artenreichsten Familien mit zusammen über 40 % aller Angiospermenarten sind die Asteraceae (21 000), Orchidaceae (20 000), Fabaceae (s. l. 16 400, s. str. 10 000), Rubiaceae (10 400), Poaceae (10 000), Euphorbiaceae (7 950), Lamiaceae (5 600), Melastomataceae (4 750), Liliaceae s. l. (4 500), Scrophulariaceae (4 450). Der Anteil an der Vegetation hängt jedoch nicht von der Artenzahl ab. „Kleine" Familien wie z. B. Fagaceae und Betulaceae sind in Mitteleuropa häufig vegetationsbestimmend, dagegen ist die Individuenzahl der vielen Arten bei den Orchidaceae meist klein.

Die wichtigsten einheimischen Obstgehölze und Beerensträucher sind:
Malus domestica Borkh. (Apfel; Rosaceae)
Pyrus communis L. (Birne; Rosaceae)
Armeniaca vulgaris Lam. = *Prunus armeniaca* L. (Aprikose; Rosaceae)
Persica vulgaris Mill. = *Prunus persica* (L.) Batsch (Pfirsich; Rosaceae)
Cerasus avium (L.) Moench = *Prunus avium* (L.) L. (Süß-Kirsche; Rosaceae)
Cerasus vulgaris Mill. = *Prunus cerasus* L. (Sauer-Kirsche, Weichsel; Rosaceae)
Prunus domestica L. (Pflaume, Zwetschge; Rosaceae)
Rubus fruticosus agg. (Brombeere, Sammelart; Rosaceae)
Rubus idaeus L. (Himbeere; Rosaceae)
Ribes uva-crispa L. (Stachelbeere; Grossulariaceae)
Ribes nigrum L. (Schwarze Johannisbeere; Grossulariaceae)
Ribes rubrum L. (Rote Johannisbeere; Grossulariaceae)

6.1 Blütenmerkmale und ihre Dokumentation

Die Analyse einer Blüte wird zweckmäßigerweise in einem **Blütendiagramm** (Abb. 15) oder in einer **Blütenformel** protokolliert. Das Blütendiagramm kann dabei als ein Querschnitt durch die Blüte aufgefasst werden. Dabei wird idealisierend angenommen, dass alle Blütenorgane in ihrem wichtigsten Bereich getroffen seien, also die Karpelle im Bereich des Ovars und die Staubblätter im Bereich der Theken. Verwachsungen werden durch Verbindungslinien dargestellt. Im empirischen Diagramm werden die Verhältnisse dargestellt, wie sie tatsächlich vorliegen. Das theoretische Diagramm enthält zusätzlich morphologische und systematische Interpretationen, zum Beispiel zu erwartende, aber nicht vorhandene Staubblätter, Karpelle oder andere Organe. Das Blütendiagramm wird nach Möglichkeit immer nach einer Seitenblüte (d. h. einer achselständigen Blüte, der höchstens die beiden Vorblätter vorausgehen dürfen) gezeichnet. Wie bei allen Grundrissdarstellungen liegt die Abstammungsachse hinten und das Tragblatt vorne. Blütenformeln sind eine abgekürzte, noch stär-

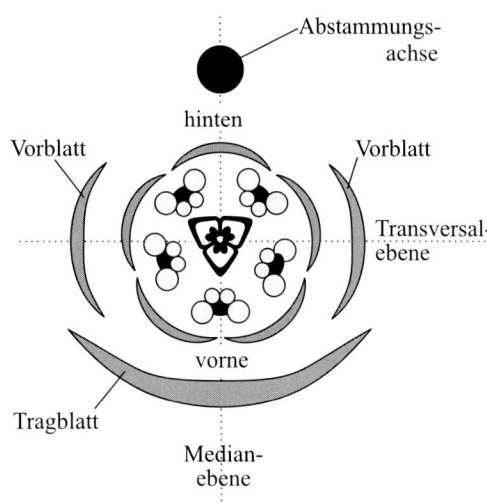

Abb. 15: Lagebeziehungen und Symmetrieebenen im Blütendiagramm.

ker abstrahierende Darstellung von Blüten. Abkürzungen aus einem Buchstaben geben die jeweilige Organkategorie an, Zahlen die Anzahl der jeweiligen Organe. Mehrere Wirtel einer Kategorie werden mit einem „+" verbunden (z. B. A3+3; Androeceum aus zwei Wirteln mit je drei Gliedern). Aufeinanderfolgende Organkategorien werden durch einen Zwischenraum getrennt, die Abfolge ist immer K-C-A-G (Kelch, Corolla = Krone, Androeceum, Gynoeceum) oder P-A-G (Perigon, Androeceum, Gynoeceum).

Symbole für Blütenformeln:
✳ Blüte radiärsymmetrisch (bezieht sich meistens nur auf das Perianth)
↓ median   ⎫
↙ schräg   ⎬ zygomorphe Blüte
← transversal   ⎭
＋ disymmetrische Blüte
£ asymmetrische Blüte
◎ Blütenorgane schraubig angeordnet (nicht in Wirteln)
∞ zahlreiche Organe
( ) verwachsene Organe eines Wirtels oder einer Organkategorie
[ ] verwachsene Organe aufeinanderfolgender Wirtel oder Organkategorien

In theoretischen Formeln zusätzlich:
1^0 fehlendes Organ
1^r reduziertes, aber noch erkennbares Organ

Theoretische Formeln sind aber unüblich, da die wesentlichen Überlegungen besser und vollständiger in einem Diagramm angegeben werden können. Auf den Einbandinnenseiten + Klappe sind Blütendiagramme aus verschiedenen einheimischen Verwandtschaftsgruppen der Angiospermen zusammengestellt.

Beispiele für Blütenformeln:
Tulipa (Liliaceae): * P3+3 A3+3 G(3)
Iris (Iridaceae, theoretische Formel): * P3+3 A3+3^0 G($\overline{3}$)
Lamium (Lamiaceae; Kronblätter und Staubblätter sind an ihrer Basis miteinander verwachsen): K(5) [C(5) A4] G(2)

6.2 Dicotyledoneae

6.2.1 Ordnung Ranunculales

Wichtige Familien: Ranunculaceae (Hahnenfußgewächse), Berberidaceae (Berberitzengewächse).

Ranunculaceae (Hahnenfußgewächse)
58 Gattungen mit zusammen 1750 Arten, davon einheimisch 18 Gattungen und 98 Arten.
Nutzpflanzen: *Nigella damascena* L. (Schwarzkümmel, schwarze Samen auf türkischem Brot).
Giftpflanzen: Alle Ranunculaceae enthalten in unterschiedlicher Menge die giftigen Isochinolinalkaloide. Das Gift kann durch die Haut aufgenommen werden, deswegen besteht Vergiftungsgefahr zum Beispiel beim Umpflanzen von *Aconitum* (Eisenhut).
Zierpflanzen: *Aquilegia* (Akelei), *Cimicifuga* (Silberkerze), *Aconitum* (Eisenhut), *Delphinium* (Rittersporn), *Anemone* (Windröschen), *Eranthis* (Winterling), *Clematis* (Waldrebe), *Helleborus niger* L. (Christrose). Achtung! Bei der als Ranunkelstrauch gehandelten *Kerria japonica* (L.) DC. handelt es sich um eine Art der Rosaceae!
Beschreibung: Vorwiegend Kräuter und Stauden, seltener Gehölze (einheimisch nur die Liane *Clematis*, Waldrebe). Blätter wechselständig, selten gegenständig (einheimisch nur *Clematis*), ungeteilt bis mehrfach gefiedert, immer ohne Stipeln, aber manchmal mit scheidenartig verbreiterter Basis des Blattstiels und der Fiederstiele (*Aquilegia*, Akelei; *Thalictrum*,

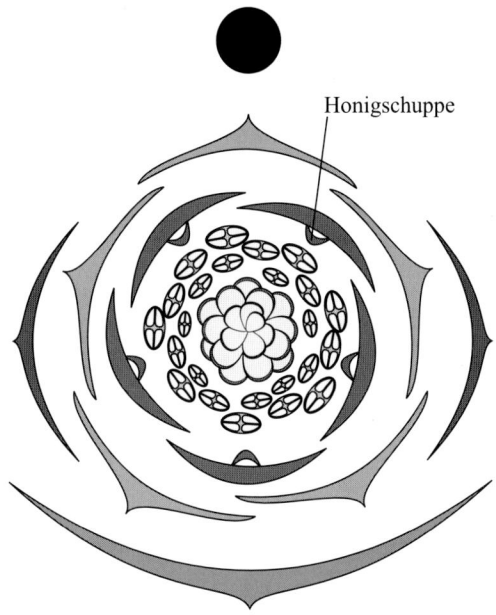

Honigschuppe

Ranunculaceae (*Ranunculus*)

$$ \ast \; \text{K2-5 C5 A}\infty \; \text{G} \; \underline{\infty} $$

Abb. 16: Blütendiagramm der Ranunculaceae.

Wiesenraute; *Ranunculus aquatilis* L., Wasser-Hahnenfuß).
Blüten (Abb. 16) radiär oder zygomorph, zwittrig. Blütenorgane schraubig angelegt, Knospendeckung deshalb meist quinkunzial oder kochlear, Zahlenverhältnisse oft sogar innerhalb einer Art sehr variabel, 5-zählige Wirtel im Perianth aber bei einigen Gruppen fixiert. Blütenhülle in manchen Gruppen ein einfaches Perigon, das bei entomophilen Arten meist auffallend gefärbt (*Anemone*, *Caltha*, *Helleborus*), bei windblütigen Arten (*Thalictrum*) dagegen reduziert und hinfällig ist. In anderen Gruppen liegt ein gegliedertes Perianth vor, bei dem auf einen meist schwach kronblattartig gefärbten Kelch ein intensiver gefärbter Wirtel von Kronblättern folgt. Diese lassen sich vielfach anhand von Nektargruben oder -spornen von so genannten Honigblättern ableiten. Zwischenformen belegen, dass die Honigblätter umgewandelte Staubgefäße darstellen. Selten (z. B. *Adonis*, *Actaea*) sind die Nektarschuppen an den Kronblättern in der Phylogenie ganz verloren gegangen. Manche Lehrbücher (auch die Exkursionsflora von ROTHMALER) bezeichnen da-

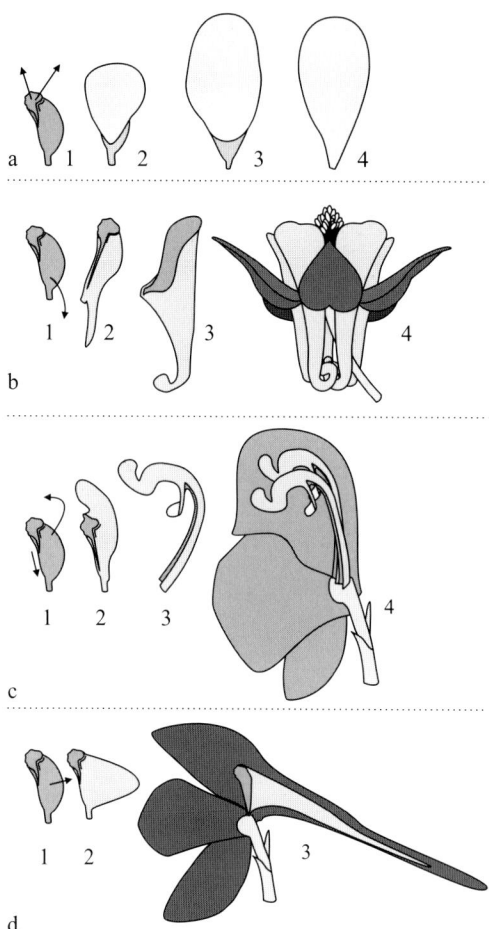

Abb. 17: Honigblätter bei Ranunculaceae.
Links ist in jeder Reihe das Honigblatt von *Helleborus niger* L. (Christrose) dargestellt, in der Reihe nach rechts ist dargestellt, wie durch die jeweils in 1 mit Pfeilen angedeuteten Proportionsänderungen andere Formen von Honigblättern entstehen.
a – durch Vergrößerung des Spreitenanteils des Schlauchblattes entsteht das petaloide Honigblatt von *Ficaria* (a3), das stark glänzende Saftmal ist durch Schraffierung markiert; die kleine Nektarschuppe kann ganz verloren gehen (*Adonis*, a4), so dass nur noch an dem vorausgehenden Kelch erkennbar ist, dass es sich um Honigblätter handelt; b – durch spornartige Aussackung entsteht aus dem *Helleborus*-Honigblatt das Honigblatt von *Aquilegia* (Akelei), das zusätzlich zum Kelch Schaufunktion hat (bei der hier wegen der besseren Vergleichbarkeit gezeichneten *A. canadensis* L. ist die Blüte nach oben geöffnet, bei den einheimischen Arten sind die Blüten jedoch hängend!); c – durch Aussackung nach oben entsteht das Honigblatt von *Aconitum* (Eisenhut), in dem der Nektar in der offenen Rinne (dunkel gezeichnet) zur Basis läuft, wo er für die Bestäuber erreichbar ist, die beiden Honigblätter sind vollständig im Helm verborgen; d – durch einfache Aussackung nach hinten entsteht das Honigblatt von *Delphinium* (Rittersporn), das vollständig in einem spornartigen Tepalum verborgen ist.

her den äußeren Kreis einheitlich immer als Perigon und den inneren Kreis immer als Honigblätter und rechnen den letzteren dann nicht zur Blütenhülle. Dies ist insofern berechtigt, als man Übergänge von Honigblättern ohne Schaufunktion (*Helleborus*, Nieswurz; *Aconitum*, Eisenhut, zwei Honigblätter unter dem Helm verborgen; *Delphinium*, Rittersporn, ein Honigblatt im Sporn verborgen) über Arten mit Honigblättern mit Schaufunktion hin zu gleichartigen Blättern ohne Nektarium finden kann. So übernehmen die Honigblätter bei *Aquilegia* (Akelei) zusätzlich zu den äußeren Blättern Schaufunktion, bei *Ranunculus* (Hahnenfuß) sind dagegen nur noch die von oben alleine sichtbaren Honigblätter schauwirksam. Der Wirtel, der bei *Helleborus* alleine die Blütenhülle bildet, ist hier kelchartig ausgebildet. Einige der verschiedenen Honigblätter oder

Nektarien sind in Abb. 17 dargestellt. Zahlreiche Staubblätter in schraubiger Anordnung, die 4 Pollensäcke manchmal nur im Querschnitt erkennbar. Fruchtblätter meist zahlreich, frei, nur bei *Nigella* verwachsen. Selten nur 1 Karpell (*Actaea*, *Consolida*) oder 1 bis 5 Karpelle. Freie Karpelle bilden vielsamige Balgfrüchtchen oder 1-samige Nüsschen, sehr selten (*Actaea*, Christophskraut) auch 1-samige Beeren; die synkarpen Früchte von *Nigella* sind septizide Kapseln. Bei einigen Gruppen mit 1-samigen Nüsschen entwickelt sich der Griffel bei der Samenreife zu einem langen, behaarten Flugorgan (*Clematis*, *Pulsatilla*).

Blütenbiologisch vielgestaltige Familie, die neben sekundären Windblütlern (*Thalictrum*) von nektarlosen Pollenblumen (*Anemone*) bis hin zu kompliziert gebauten Nektarblumen mit nur langrüsseligen Bestäubern zugänglichen, in

Spornen oder unter einem Helm verborgenen Nektarien ein breites Spektrum unterschiedlicher Bestäubungstypen zeigt.

Verbreitung: Vor allem außerhalb der Tropen, besonders auf der Nordhalbkugel. Viele Gebirgspflanzen (*Ranunculus glacialis* L. ist die am höchsten steigende Gebirgspflanze der Alpen).

6.2.2 Ordnung Fagales

Fagaceae (Buchengewächse)
7 Gattungen, 1050 Arten, davon einheimisch 3 Gattungen und 6 Arten.
Nutzpflanzen: *Fagus sylvatica* L. (Rot-Buche) und *Quercus robur* L. (Stiel-Eiche) gehören zu den wichtigsten einheimischen Forstgehölzen. Die Früchte von *Castanea sativa* Mill. (Esskastanie, Marone) sind essbar.
Beschreibung: Einhäusige Bäume, Blätter wechselständig, mit Stipeln.

Blüten aus 3-zähligen Wirteln aufgebaut, im Zusammenhang mit der Windbestäubung sehr reduziert. Männliche Blüten mit reduziertem Perianth, mit mehreren Staubgefäßen. Weibliche Blüten meist mit 3+3 Perigonblättern und einem unterständigen Fruchtknoten aus meist 3 (selten 2 bis 9) Karpellen mit mehreren Samenanlagen, von denen sich jedoch nur 1 zu einem Samen entwickelt. Die aus 3 Karpellen aufgebauten Nussfrüchte (Abb. 18) sind unilokulär (pseudomonomer), von mehreren Samenanlagen kommt nur eine einzige zur Entwicklung, so dass die reifen Früchte (Eicheln, Bucheckern, Maronen usw. sind Früchte und keine Samen!) stets 1-samig sind.

Blütenstände eingeschlechtig, meist aus wenigblütigen (z. T. auf die Mittelblüte reduzierten) Dichasien zusammengesetzte ährige oder köpfchenförmige Gesamtblütenstände, die männlichen „Kätzchen" nach dem Ausstäuben als ganze abfallend. Weibliche Dichasien von einer becherförmigen, zuletzt verholzenden Cupula umgeben, deren morphologische Deutung noch umstritten ist.[38]

Sekundäre Windblütler (selten und zusätzlich auch insektenbestäubt, *Castanea*).

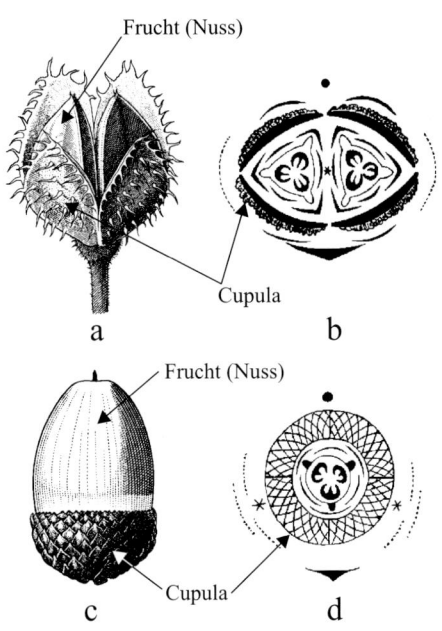

Abb. 18: Fagaceae.
Fagus sylvatica (A, B); *Quercus* (C, D). A – reife, 4-klappig aufspringende Cupula mit 2 Nussfrüchten; B – Diagramm zu A; C – Cupula mit Nussfrucht; D – Diagramm zu C; f Früchte, cu Cupula; (aus TROLL 1957 und STRASBURGER 1998).

Die wichtigsten Vertreter und ihre Unterscheidungsmerkmale:
Castanea sativa Mill. (Esskastanie, Marone); die lang bestachelte Cupula umschließt 3 Nüsse.
Fagus sylvatica L. (Rot-Buche); Zweige mit Lang- und Kurztrieben; weibliche Blütenstände gegenüber *Castanea* auf die beiden Seitenblüten reduziert, Cupula daher nur mit 2 Nüssen („Bucheckern"); in Mitteleuropa unter natürlichen Bedingungen vorherrschende Baumart; von der Hainbuche (*Carpinus*, s. Betulaceae) außer im Blütenstandsbau auch durch den glatten, nicht gesägten Blattrand und die spitzen Knospen leicht zu unterscheiden.
Quercus (Eiche); Cupula mit nur einer Nuss („Eichel"), der mittleren von *Castanea* entsprechend. *Quercus robur* L. (Stiel-Eiche) hat lang gestielte Fruchtstände und kurz gestielte Blätter mit ausgebuchtetem Spreitengrund; *Q. petraea* (Matt.) Liebl. (Trauben-Eiche) hat kurz gestielte Fruchtstände und lang gestielte Blätter mit keilförmigem Spreitengrund; Bastarde häufig.

---

38 Nach neueren Untersuchungen entspricht die Cupula einem zymösen (dichasialen) Verzweigungssystem, dessen Achsen miteinander verschmolzen sind; die Schuppen und Dornen wären dann Rudimente von Tragblättern steriler Zweige.

Verbreitung: tropische und temperierte Gebiete.

Betulaceae (Birkengewächse, inkl. Corylaceae)
6 Gattungen, 150 Arten, davon einheimisch 4 Gattungen und 10 Arten.
Nutzpflanzen: *Corylus avellana* L. (Haselnuss).
Beschreibung: Bäume und Sträucher. Blätter ungeteilt, mit Nebenblättern.
Blüten eingeschlechtig, mit unscheinbarer oder fehlender Blütenhülle. Staubgefäße oft tief gespalten. Fruchtknoten unterständig, aus 2 Karpellen verwachsen, mit 2 Narben und 2 (bis 4) Samenanlagen, von denen sich nur 1 zum Samen entwickelt. Geflügelte Nussfrüchte. Tragblatt und Vorblätter der weiblichen Dichasien ± verwachsen, z. T. verholzend (Erle), z. T. als Hülle (Haselnuss) oder 3-teiliges Flugorgan (Hainbuche) der Frucht ausgebildet. Blüten zu 1 bis 3 in der Achsel von Tragblättern, in walzenförmigen Kätzchen. Die walzlichen männlichen und weiblichen Blütenstände sind Thyrsen aus meist 3-blütigen dichasialen Cymen; bei den weiblichen Dichasien fehlt oft die mittlere Blüte (Primanblüte; Abb. 19, weitere Diagramme siehe Strasburger 1998).
Wie die verwandten Fagaceae sekundäre Windblütler mit eingeschlechtigen, monözisch verteilten Blütenständen. Männliche Blütenstände immer schlaff herabhängende, wurstförmige „Kätzchen", die nach dem Ausstäuben als Ganzes abfallen, die weiblichen Blütenstände meist unauffällig.

Die wichtigsten Vertreter und ihre Unterscheidungsmerkmale:
Alnus (Erle); zapfenartige Fruchtstände.
Betula (Birke); bei der Reife zerfallende Fruchtstände; die Nussfrüchte sind durch Perikarpauswüchse geflügelt.
Carpinus betulus L. (Hain- oder Weißbuche).
Corylus avellana L. (Haselnuss); weibliche Blütenstände knospenartig; lange, rot gefärbte Narben; wie viele windbestäubte Gehölze vor dem Laubaustrieb blühend.
Verbreitung: Temperierte und kalte Gebiete der Nordhemisphäre.

6.2.3 Ordnung Rosales

Wichtige Familien: Crassulaceae (Dickblattgewächse), Saxifragaceae (Steinbrechgewächse),

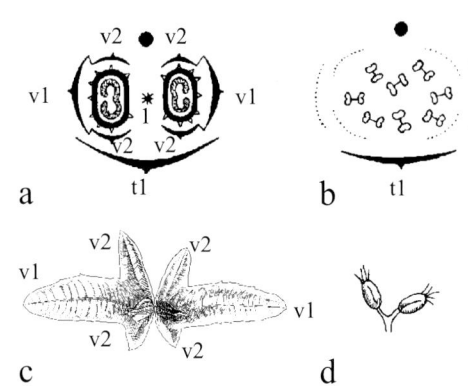

Abb. 19: *Carpinus betulus* (Betulaceae).
A – Diagramm eines weiblichen Dichasiums (Teilblütenstandes): t1 Tragblatt der (ausgefallenen) Blüte 1, v1 Vorblätter von Blüte 1 und Tragblätter der Blüten 2, v2 Vorblätter der Blüten 2, a Achse des Gesamtblütenstandes; B – die beiden aus einem Dichasium hervorgegangenen Früchte mit Flugorganen aus 3 Vorblättern (Bezeichnungen wie in A); C – Diagramm eines männlichen Teilblütenstandes (alle Vorblätter ausgefallen); D – einzelnes, tief geteiltes Staubblatt; (aus Troll 1957 und Strasburger 1998).

Hydrangeaceae (Hortensiengewächse), Rosaceae (Rosengewächse).

Rosaceae (Rosengewächse)
107 Gattungen mit zusammen 3100 Arten, davon einheimisch 25 Gattungen und 483 Arten.
Nutzpflanzen: *Malus* (Apfel), *Pyrus* (Birne), *Cydonia* (Quitte), *Rubus* (Brombeere, Himbeere), *Fragaria* (Erdbeere), *Prunus* (Pflaume, Zwetsche, Kirsche, Pfirsich, Aprikose). Bei Kirsche und Birne neben den Früchten auch Nutzung des Holzes (Möbelbau).
Zierpflanzen: *Rosa* (Rose), *Pyracantha* (Feuerdorn), *Spiraea* (Spierstrauch, Spiere).
Giftpflanzen: Oft dieselben wie die Nutzpflanzen; die Samen (Kerne) des Apfels sowie Kerne von Mandel (Bittermandel), Pfirsich, Aprikose, Pflaume und Kirsche enthalten Blausäureglykoside, die in höherer Dosis tödlich wirken können. Selbst durch Vergiftung mit Apfelkernen (in großer Menge alleine zerkaut und gegessen!) ist schon ein Todesfall beschrieben worden. *Sorbus aucuparia* L. (Vogelbeere) ist im Gegensatz zur verbreiteten Volksmeinung nicht giftig, enthält aber in hoher Menge den Konservierungsstoff Sorbinsäure (Name!).

Abb. 20: Früchte bei Rosaceae (schematisch, Größenverhältnisse nicht maßstabsgetreu).
a – bei der Silberwurz bleibt die Blütenachse auch bei der Samenreife flach, die Griffel der einzelnen Nüsschen strecken sich und werden wegen der langen Griffelhaare durch Wind ausgebreitet; b – bei der Erdbeere wird die Blütenachse fleischig, die 1-samigen Nüsschen sitzen außen auf der Achse auf; c – bei der Himbeere und der Brombeere entwickeln sich die Teilfrüchte zu Steinfrüchtchen, der Achsenzapfen bleibt bei der Himbeere zusammen mit dem Kelch am Strauch zurück, bei der Brombeere wird er mitgegessen; d – bei der Hagebutte stehen die einzelnen Teilfrüchtchen an der Innenwand einer krugförmigen Blütenachse; e – die Kirschblüte ist im Prinzip wie die Rosenblüte aufgebaut, enthält aber nur ein Karpell, das sich zu einer Steinfrucht entwickelt; im Unterschied zur Hagebutte fällt später der gesamte Achsenbecher ab. Der bei der Kirsche immer noch vielfach als „mittelständig" bezeichnete Fruchtknoten wird in Gruppen, bei denen der Becher (= Kelch-Kron-Röhre) gefärbt ist, bedenkenlos oberständig genannt (z. B. Primulaceae); f – bei der Mispel (*Mespilus germanica* L.) sind die fünf Teilfrüchte in die Wand der Blütenachse eingesenkt, sie entwickeln sich zu Steinfrüchtchen, so dass eine Steinfrucht mit fünf Steinkernen resultiert; g – der Apfel unterscheidet sich von der Mispel dadurch, dass die Teilfrüchtchen nicht zu Steinfrüchten werden, sondern pergamentartig bleiben, der Apfel kann deswegen als unterständige Beere betrachtet werden. Bei fast allen Früchten bleiben der Kelch und nicht selten auch die Staubgefäße bis zur Fruchtreife erhalten, allein die Kronblätter entwickeln an der Basis ein Trennungsgewebe und fallen ab.

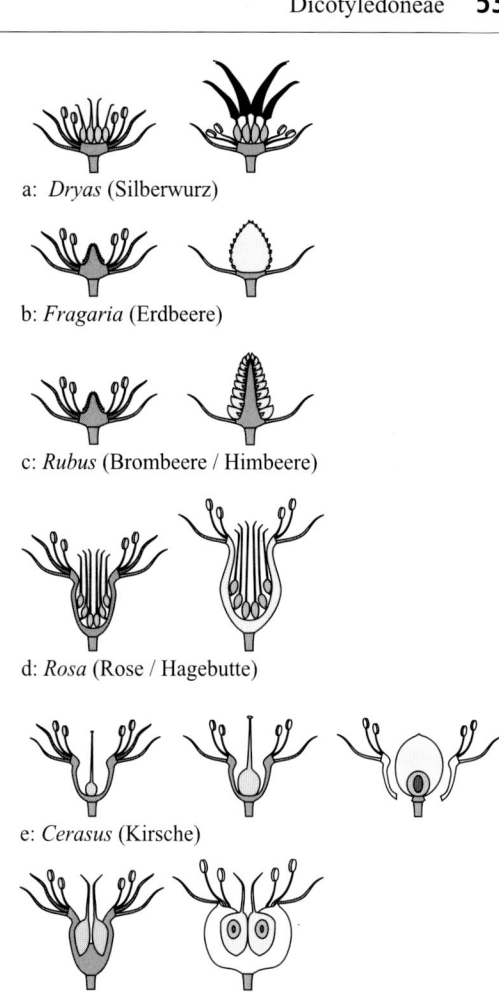

a: *Dryas* (Silberwurz)

b: *Fragaria* (Erdbeere)

c: *Rubus* (Brombeere / Himbeere)

d: *Rosa* (Rose / Hagebutte)

e: *Cerasus* (Kirsche)

f: *Mespilus* (Mispel)

g: *Malus* (Apfel)

Beschreibung: Kräuter und Stauden, vielfach auch Bäume, die teilweise sehr groß und alt werden können. Blätter stets wechselständig, fast immer mit Stipeln (Ausnahme nur Unterfamilie Spiraeoideae, die einheimisch nur mit *Aruncus dioicus* [Walt.] Fern., Geißbart, vertreten ist).

Blüten (Abb. 21) radiär, zwittrig, mit in Kelch und Krone gegliedertem Perianth. Blütenhülle 5-zählig. Kelch persistierend (z. B. *Malus*, *Rosa*), seltener später abfallend (z. B. Pflaume, Zwetsche, Kirsche). Bei Rosoideae oft ein von den Stipeln der Kelchblätter gebildeter Außenkelch, so dass scheinbar 2 Kelchwirtel vorliegen, von denen der äußere kleinere Blätter aufweist. Krone 5-zählig, frei. Staubgefäße in 2 bis mehreren Wirteln zu 5 oder zahlreich in schraubiger Folge. Fruchtknoten ober- oder unterständig. Im Bau des Gynoeceums und der Blütenachse eine ungewöhnliche Vielfalt. Blütenachse flach (*Dryas*, Silberwurz), kegelförmig aufgewölbt (*Fragaria*, Erdbeere; *Rubus*, Brombeere, Himbeere), zu einem später dann doch noch abfallenden Becher vertieft (Kirsche; vielleicht besser als Kelch-Kron-Staubgefäß-Tubus zu bezeichnen) oder zu einem bei der Samenreife erhalten bleibenden Krug umgebildet (*Rosa*, Hagebutte). Fruchtblätter 1 bis viele, frei oder mit der krugförmigen Blütenachse verwachsen.

Die Frucht (Abb. 20) ist bei 1-karpelligen

Rosaceae (*Rosa*)

$$\text{✻ K5 C5 A}\infty \text{ G } \underline{\infty}$$

Abb. 21: Blütendiagramm der Rosaceae (*Rosa*).

Arten meist eine Steinfrucht, bei vielkarpelligen, apokarpen Früchten entstehen als Teilfrüchtchen Nüsschen, Steinfrüchtchen oder sehr kleine Bälge. Gleichzeitig kann die Blütenachse fleischig werden. So ist die Erdbeere eine kegelförmige Blütenachse der die Nüsschen außen aufsitzen, die Hagebutte dagegen eine krugförmige Blütenachse mit den Nüsschen im Inneren.

Die Familie kann anhand einfacher Merkmale in vier **Unterfamilien** (Spiraeoideae, Rosoideae, Maloideae, Prunoideae) unterteilt werden. Die Spiraeoideae weisen als einzige Unterfamilie mehrsamige Balgfrüchte und keine Stipeln auf, sie sind einheimisch nur durch den diözischen Geißbart (*Aruncus dioicus* [Walt.] Fern.) vertreten, aber mit dem Zierstrauch *Spiraea* in Gärten oft anzutreffen. Die Rosoideae haben vielkarpellige Gynoeceen mit apokarpen Karpellen, die der krugförmigen Blütenachse mit stielartig verjüngter Basis innen ansitzen (z. B. *Rosa*, Rose). Die Maloideae haben 2- bis 5-karpellige, apfelartige Früchte mit Steinkernen oder pergamentartigen Karpellen die ganz

oder teilweise in die Wand der krugförmigen Blütenachse eingesenkt sind (z. B. *Malus*, Apfel). Die Prunoideae haben nur ein einziges Karpell, das eine Steinfrucht bildet und mit schmaler Basis der Blütenachse ansitzt (z. B. *Prunus*, Kirsche). Der Fruchtknoten der Kirsche wird vielfach als mittelständig bezeichnet. Die als Achsenbecher bezeichnete Struktur ist genauer ein Kelch-Kron-Staubgefäß-Tubus, der später ebenfalls abfällt. Dieser Tubus wird hier wohl in erster Linie deswegen als Achsenbildung angesehen, weil er grün ist, und weil das an ihm inserierende Kronblatt zuerst abfällt. Die reife Kirsche zeigt alle Merkmale einer oberständigen Frucht.

In manchen Gattungen ist Apomixis (Samenbildung ohne Befruchtungsvorgang) verbreitet. Dadurch erhält sich jede Mutation bei den Nachkommen und es kann eine Differenzierung in zahlreiche oft nur geringfügig verschiedene Sippen („Kleinarten") erfolgen (*Rubus*, *Rosa*, *Potentilla*, *Alchemilla*).

6.2.4 Ordnung Fabales

Wichtige Familien: Fabaceae, Mimosaceae, Caesalpiniaceae; alle drei auch als Leguminosae zusammengefasst.

Fabaceae (= Papilionaceae, Schmetterlingsblütler)
437 Gattungen, 11 300 Arten, davon einheimisch 28 Gattungen und 141 Arten.
Wichtige Nutzpflanzen: unter anderen *Pisum sativum* L. (Erbse), *Phaseolus* (verschiedene Arten; Bohne), *Lens culinaris* Medik. (Linse), *Vicia faba* L. (verschiedene Sorten, Dicke Bohne, Ackerbohne, Saubohne*), Arachis hypogaea* L. (Erdnuss, subtropisch), *Glycine max* (L.) Merr. (= *Soja hispida* Moench, Sojabohne); wichtige Futterpflanzen sind *Trifolium* (Klee, verschiedene Arten)[39], *Medicago sativa* L. (Saat-Luzerne), *Trifolium pratense* L. (Rot-Klee), *Trifolium resupinatum* L. (Persischer Klee). Zur Gründüngung wird als Stickstoffsammler auch *Lupinus* (Lupine) angebaut.

---

39 Vorsicht! Nicht alles was deutsch auf „Klee" endet, gehört wie Rot-Klee oder Perser-Klee in die Gattung *Trifolium*. Manches gehört in andere Gattungen der Fabaceae wie z. B. Steinklee und Hornklee, der Fieberklee gehört dagegen sogar in eine andere Familie Menyanthaceae.

Giftpflanzen: *Laburnum* (Goldregen); auch die Gartenbohne ist roh schwach giftig, was bei Kindern immer wieder zu (glücklicherweise meist leichteren) Vergiftungen führt.

Beschreibung: Einheimisch vorwiegend Stauden und Kräuter, in wärmeren Klimaten zunehmend Gehölze von Sträuchern über Lianen bis zu großen Bäumen.

Blätter wechselständig, mit Stipeln, oft gefiedert, Endabschnitt nicht selten zu einer einfachen oder verzweigten Ranke umgebildet (Erbse), manchmal die Rhachis von Fiederblättern als Rhachisdorn persistierend. Spross bei manchen Arten windend (Gartenbohne), Seitensprosse gelegentlich zu am Stamm stehenden Sprossdornen umgewandelt (*Gleditsia triacanthos* L.).

Blüten (Abb. 22) zygomorph, Kelch meist an der reifen Frucht persistierend und verwachsen, radiär oder schwach 2-lippig, mit aufsteigender Knospendeckung. Kronblätter 5, frei, mit absteigender Knospendeckung: das median hintere bildet die Fahne, die beiden seitlichen die Flügel und die beiden vorderen das Schiffchen, letztere oft mit den vorderen Rändern postgenital verbunden und daher scheinbar verwachsen und als Einheit abfallend. Staubgefäße 10, Filamente der Antheren basal oft zu einer Röhre um den Fruchtknoten verwachsen. Die Röhre wird dabei entweder von allen 10 Filamenten gebildet (z. B. *Sarothamnus*, Besenginster) und ist dann geschlossen, oder das median hintere Filament bleibt frei und die Röhre ist dann oben offen (z. B. *Vicia*). Fruchtknoten aus 1 Karpell, oberständig, in der Regel vielsamig und sich 2-klappig an Bauch und Rückennaht öffnend, Hülse.[40] Seltener auch in 1-samige Bruchstücke zerfallende Glieder „hülsen" oder geschlossen bleibende Nussfrüchte. Samen mit weit entwickeltem Embryo, der das Endosperm frühzeitig aufgebraucht hat und die Nährstoffe (Stärke, Eiweiß, Fettsäuren) in den Keimblättern speichert. Der hohe Eiweißgehalt

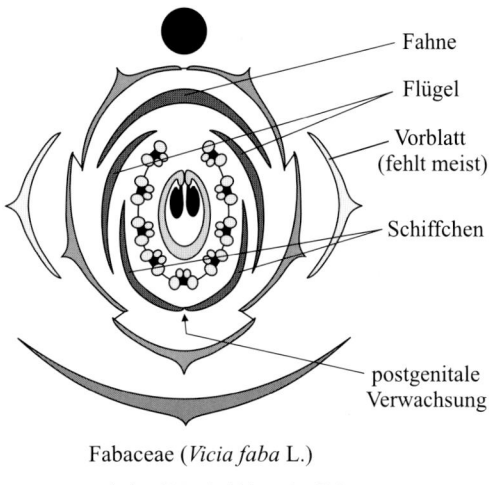

Fabaceae (*Vicia faba* L.)

$$\downarrow K(5)\ C5\ A(9)+1\ \underline{G1}$$

Abb. 22: Blütendiagramm der Fabaceae.

der Samen ist möglich, weil die Fabaceae im Gegensatz zu anderen Pflanzen mit Hilfe von in Wurzelknöllchen eingeschlossenen Bakterien (*Rhizobium*) Luftstickstoff fixieren können.

Blüten meist in achselständigen Trauben, die zu köpfchenförmigen Blütenständen zusammengezogen sein können (z. B. *Trifolium*). Nur bei wenigen Arten gehen den Blüten Vorblätter voraus, so dass die Bildung von Cymen möglich wird (z. B. *Sophora*, nicht bei einheimischen Arten). In der Anzahl der Blüten pro Traube und in der Art und Weise, wie aus den Trauben komplexe Blütenstände aufgebaut werden herrscht jedoch eine große Variabilität.

Sehr unterschiedliche und hoch spezialisierte Bestäubungsmechanismen. Insekten, die sich auf Flügel und Schiffchen niederlassen, drücken das Schiffchen herunter, wodurch Staubblätter und Narbe heraustreten. Meist Pollenübertragung mit der Bauchseite des Insekts (sternotribe Bestäubung; im Gegensatz zur vorwiegenden Übertragung mit dem Rücken = nototribe Bestäubung bei Lamiaceae). Viele Sonderbildungen, zum Beispiel Pollen sammelnde Griffelbürsten (Bürstenmechanismus), Herausquetschen des Pollens aus der Spitze des weitgehend geschlossenen Schiffchens durch den Griffel (Pumpmechanismus, z. B. *Lupinus*), elastisches Einrollen der freigelegten Filamente mit Ausschleuderung des Pollens beim „Explosionsmechanismus" (z. B. *Sarothamnus*).

---

40 In der Morphologie wird eine 1-karpellige Frucht, die sich an Bauch- und Rückennaht öffnet, Hülse genannt. Leider hat es sich eingebürgert, auch solche Früchte von Leguminosen (Hülsenfrüchtler = Fabaceae + Caesalpiniaceae + Mimosaceae) Hülsen zu nennen, die 1-samig sind und sich nicht öffnen, oder die quer in 1-samige Teilfrüchte zerbrechen (Gliederhülsen, z. B. bei *Hippocrepis*).

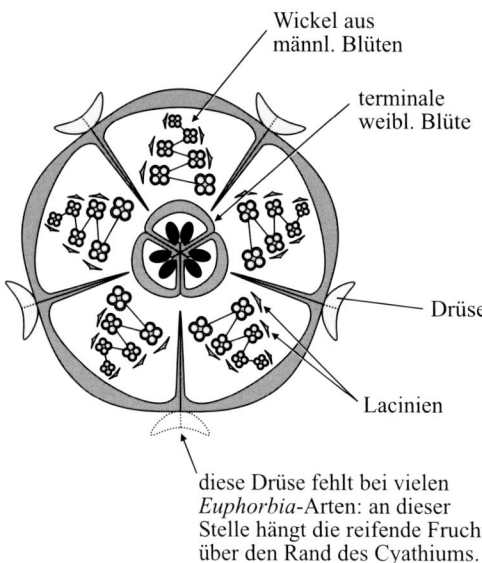

Wickel aus
männl. Blüten

terminale
weibl. Blüte

Drüse

Lacinien

diese Drüse fehlt bei vielen
Euphorbia-Arten: an dieser
Stelle hängt die reifende Frucht
über den Rand des Cyathiums.

Abb. 23: Cyathium von *Euphorbia*.

6.2.5 Ordnung Euphorbiales

Familien: Buxaceae (Buchsbaumgewächse),
Euphorbiaceae (Wolfsmilchgewächse)

Euphorbiaceae (Wolfsmilchgewächse)
321 Gattungen mit zusammen 7950 Arten, davon einheimisch 2 Gattungen und 23 Arten.
Nutzpflanzen: *Ricinus communis* L. (Rizinus),
Hevea brasiliensis (Willd. ex A. Juss) Müll.
Arg. (Kautschukbaum), *Manihot esculenta*
Crantz (Maniok).
Zierpflanzen (Zimmerpflanzen): *Euphorbia
pulcherrima* Willd. (Weihnachtsstern, Poinsettie), *E. milii* Des Moul. (Christusdorn; Achtung, es werden auch andere Arten aus anderen
Familien mit dem deutschen Namen Christusdorn belegt), *Codiaeum variegatum* (L.) A. Juss
(„Croton"), stammsukkulente Arten von *Euphorbia*.
Giftpflanzen: Der Milchsaft aller Euphorbiaceae ist mehr oder weniger stark giftig.
Beschreibung: Kräuter und Stauden, außerhalb
von Mitteleuropa auch Holzgewächse und kakteenartige Stammsukkulente. Blätter ungeteilt,
wechselständig, mit (teilweise reduzierten) Stipeln, die bei stammsukkulenten Arten oft zu
Dornen umgebildet sind.
Blüten (Abb. 23) stets eingeschlechtig, in
monözischer (z. B. *Euphorbia*, Wolfsmilch)

oder diözischer Verteilung (z. B. *Mercurialis
perennis* L., Wald-Bingelkraut). Blüten oft apopetal (z. B. *Mercurialis*) oder Blütenhülle sogar
ganz fehlend (z. B. *Euphorbia*). Frucht meist
3-fächrig, bei der Reife in 3 1- oder 2-samige
Teilfrüchte (= Kokken) zerfallend, die sich dorsizid öffnen und zunächst noch an der gemeinsamen Mittelsäule hängenbleiben.

Bei *Euphorbia* Blüten zu charakteristischen
Pseudanthien zusammengefasst, die **Cyathium**
genannt werden. Das Cyathium besteht aus
einer terminalen weiblichen Blüte, der in den
Achseln von 5 darunter stehenden und zu einem Becher verwachsenen Hochblättern 5 Wickel von männlichen Blüten vorausgehen. Dabei besteht jede männliche Blüte nur aus 1
Staubgefäß. Die Tragblätter der männlichen
Blüten sind in der Regel in Form kleiner, lanzettlicher Läppchen, den so genannten Lacinien, vorhanden. Die den Becher bildenden
Hochblätter tragen zu Drüsen umgewandelte
nierenförmige oder halbmondförmige Interfoliarstipeln (d. h. eine Drüse wird von den beiden
einander zugewandten Stipeln benachbarter
Blätter gemeinsam gebildet). Die einheimischen *Euphorbia*-Arten bilden keine auffallenden Schauorgane im Blütenstandsbereich aus.
Bei ausländischen kommen 3 unterschiedliche
Kategorien von Schauorganen vor. Zum ersten
können alle 5 Drüsen einen distalen petaloiden
Anhang tragen (*E. fulgens* Karw. ex Klotzsch,
Abb. 24a) und damit dem Cyathium ein noch
blütenähnlicheres Aussehen geben. Zum zweiten können nur die beiden Vorblätter des Cyathiums petaloid ausgestaltet sein (*E. milii* Des
Moul., Christusdorn, Abb. 24b). Die Verzweigung aus petaloiden Vorblättern wird dann in
der Regel unterdrückt und die Ähnlichkeit des
Pseudanthiums zu Blüten damit erhöht. Zum
dritten kann die Schauwirkung zusätzlich durch
gefärbte Hochblätter erhöht werden, die nicht
Teil des Cyathiums oder dessen Vorblätter sind
(*E. pulcherrima* Willd. ex Klotzsch, Weihnachtsstern, Abb. 24c). Beim Weihnachtsstern
können die farbigen Hochblätter unter Umständen nach der Blütezeit sogar ergrünen und damit nur vorübergehend Schaufunktion haben.

6.2.6 Ordnung Sapindales

Wichtige Familien: Aceraceae (Ahorngewächse), Hippocastanaceae (Rosskastaniengewächse).

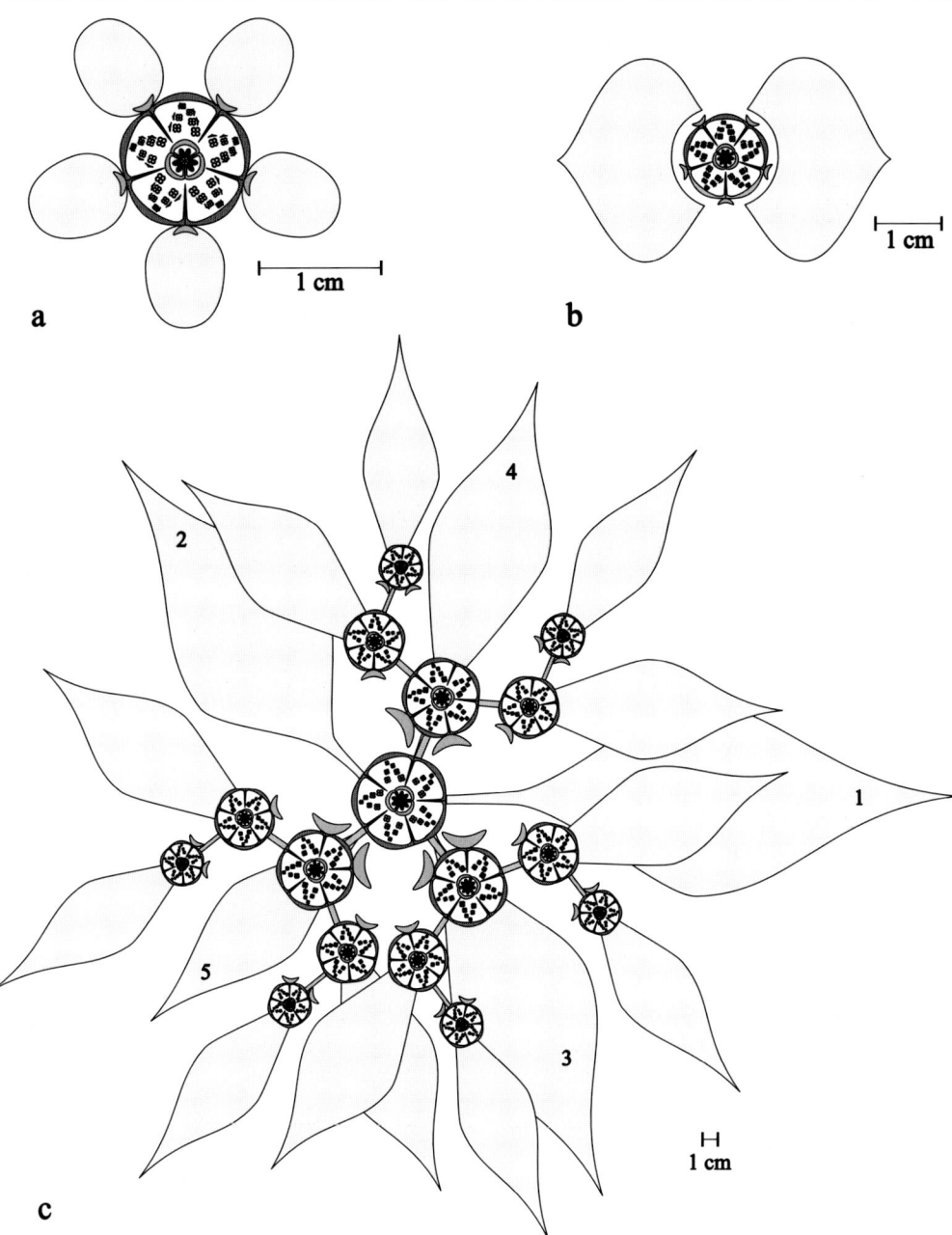

Abb. 24: Pseudanthienbildung bei Euphorbiaceae.
a – *Euphorbia fulgens* Karw., durch petaloide Anhänge an allen 5 Drüsen entsteht der Eindruck einer 5-zähligen Blüte; b – *Euphorbia milii* Des Moul., die Vorblätter des Cyathiums sind petaloid vergrößert und zugleich ist die Verzweigung aus den Vorblattachseln unterdrückt; c – bei *Euphorbia pulcherrima* Willd. sind die dem terminalen Cyathium vorausgehenden Hochblätter (nummeriert von 1–5, 3–5 dabei zugleich auch Tragblätter von Seitenachsen) und zusätzlich auch die Vorblätter in den anfangs dichasial und später monochasial verzweigten seitlichen Cyathienständen rot gefärbt, der Blütenstand unterscheidet sich von einem monotelen Thyrsus nur dadurch, dass dort, wo im monotelen Thyrsus Blüten stehen, hier Cyathien anzutreffen sind; bei *E. pulcherrima* Willd. tragen die Cyathien nur auf der dem Zentrum des Blütenstandes zugewandten Seite Drüsen, so dass normalerweise nur 1 oder 2 Drüsen pro Cyathium ausgebildet werden.

Aceraceae (Ahorngewächse)

2 Gattungen, 113 Arten, davon einheimisch die Gattung *Acer* mit 6 Arten.

Die drei wichtigsten einheimischen Arten sind *A. pseudoplatanus* L. (Berg-Ahorn) und *A. platanoides* L. (Spitz-Ahorn) mit hängenden und der kleinblättrige *A. campestre* L. (Feld-Ahorn) mit aufrechten Blütenständen. Der Feld-Ahorn kann durch Schnitt oder Verbiss leicht in einer strauchigen Form gehalten werden und ist deswegen auch als Heckenpflanze verbreitet.

Nutzpflanzen: *Acer pseudoplatanus* L. (Berg-Ahorn), wichtiges Forstgehölz.

Beschreibung: Monopodial wachsende Holzgewächse. Blätter gegenständig, meist handförmig gelappt, seltener gefiedert, ohne Stipeln.

Blüten zwittrig oder eingeschlechtig, insekten- oder windbestäubt (mit Übergängen), radiär, 4- bis 5-zählig. Staubblätter auch bei sonst 5-zähligen Blüten meist 8, da 2 Staubgefäße wegen der bereits in der Blüte entwickelten Fruchtflügel nicht zur Entwicklung kommen können. Fruchtknoten aus 2 Karpellen, die beiden Lokulamente mit je 2 Samenanlagen, von denen aber meist nur 1 sich weiterentwickelt. Spaltfrüchte, in 2 geflügelte, anemochore, meist 1-samige Teilfrüchte zerfallend.

Verbreitung: nordhemisphärisch.

6.2.7 Ordnung Geraniales

Wichtige Familien: Oxalidaceae (Sauerkleegewächse), Linaceae (Leingewächse), Geraniaceae (Storchschnabelgewächse), Tropaeolaceae (Kapuzinerkressengewächse), Balsaminaceae (Balsaminengewächse).

Geraniaceae (Storchschnabelgewächse)

14 Gattungen, 730 Arten, davon einheimisch 2 Gattungen und 19 Arten.

Zierpflanzen: *Pelargonium zonale* (L.) L'Hér. (Balkonkasten-„Geranie", eigentlich Pelargonie) aus Südafrika in vielen Zuchtsorten.

Beschreibung: Meist Kräuter. Blätter wechselständig, oft handförmig geteilt oder gefiedert, mit Stipeln. Epidermis oft mit Drüsenhaaren, die ätherische Öle enthalten (Blütenstiele von *Pelargonium* werden deswegen oft in den botanischen Anfängerübungen verwendet).

Blüten (Abb. 25) radiär, durchgehend 5-zählig. Kelchblätter persistierend, Kronblätter frei,

Geraniaceae (*Geranium*)

$$\ast \; K5 \; C5 \; A5{+}5 \; G(\underline{5})$$

Abb. 25: Blütendiagramm der Geraniaceae.

abfallend. Obdiplostemonie (vgl. Caryophyllaceae). Fruchtknoten oberständig, jedes der 5 Lokulamente mit 2 Samenanlagen, von denen sich aber nur 1 zur Samenreife entwickelt. Zur Fruchtzeit in einen Schnabel verlängert, in Teilfrüchte zerfallend. Bei *Geranium* öffnen sich die Teilfrüchte bei der Samenreife, die Samen werden abgeschleudert, wenn sich die Teilfrucht explosionsartig von der stehen bleibenden Mittelsäule des Schnabels ablöst. Bei *Erodium* bleiben die Teilfrüchte geschlossen und entwickeln sich zu einer Bohrfrucht, die sich durch hygroskopische Drehbewegungen in das Substrat einbohrt.

6.2.8 Ordnung Apiales

Zwei Familien: Araliaceae (Efeugewächse), Apiaceae (Doldenblütler).

Apiaceae (= Umbelliferae, Doldenblütler)

418 Gattungen, 3100 Arten, davon einheimisch 45 Gattungen und 111 Arten.

Nutzpflanzen: *Daucus carota* L. (Möhre), *Apium graveolens* L. (Sellerie), *Foeniculum vulgare* Mill. (Fenchel), *Anethum graveolens* L. (Dill), *Levisticum officinale* W. D. J. Koch (Liebstöckel, Maggikraut), *Petroselinum crispum* (Mill.) Nyman ex A. W. Hill (Petersilie),

Carum carvi L. (Kümmel), *Coriandrum sativum* L. (Koriander) und weitere.

Giftpflanzen: *Conium maculatum* L. (Gefleckter Schierling), *Cicuta virosa* L. (Wasser-Schierling), *Aethusa cynapium* L. (Hundspetersilie). *Heracleum*-Arten (Bärenklau, v. a. der Riesen-Bärenklau, *H. mantegazzianum* Sommier & Levier) haben einen stark phototoxischen Zellsaft, der auf der Haut bei Sonneneinstrahlung starke Verbrennungen mit Blasenbildung verursachen kann!

Beschreibung: Meist (einheimische ausschließlich!) Kräuter und Stauden. Blätter wechselständig, meist gefiedert und mit großer Blattscheide, ohne Stipeln. Stängel meist hohl, oft knotig.

Blüten (Abb. 26) meist radiär, seltener (median) zygomorph. Zygomorphe Blüten nur an der Peripherie eines Blütenstandes, der im Zentrum radiäre Blüten aufweist. Kelch 5-zählig, stark reduziert und oft kaum sichtbar.[41] Krone 5-zählig, frei, manchmal so stark ausgerandet, dass scheinbar 10 Kronblätter vorliegen. Kronblätter fast immer weiß, weißlich, grünlich, gelblich, seltener intensiv gelb. Staubgefäße 5, intrors. Zwischen Staubgefäßen und den Griffeln des unterständigen Fruchtknotens ein Diskus (Nektarium), der sehr unterschiedlich geformt sein kann. Fruchtknoten 2-karpellig, unterständig, bei der Reife in 2 1-samige Teilfrüchte zerfallend (Spaltfrucht). Die beiden Teilfrüchte (Merokarpien) hängen dabei zunächst noch an einem Träger (Karpophor, Abb. 28h). Die Früchte weisen meist 10 charakteristische Rippen auf. Von den 5 Rippen pro Karpell stehen 3 auf dem Karpellrücken (Karinalrippen) und 2 an den Karpellflanken wo die beiden Karpelle aneinander grenzen (Kommissuralrippen). Kommissural- und Karinalrippen werden zusammen als Hauptrippen bezeichnet. Zwischen den Hauptrippen können 4 Nebenrippen eingeschoben sein. Die Stacheln auf den Früchten der Wilden Möhre (*Daucus carota* L.) stehen auf den Nebenrippen. Einzelne Rippen können reduziert sein oder fehlen, die Spiegelsymmetrie der median-zygomorphen Frucht bleibt dabei aber erhalten. Die Frucht kann median abgeflacht sein, und die Narben weisen dann in Richtung der größten Breite der Frucht

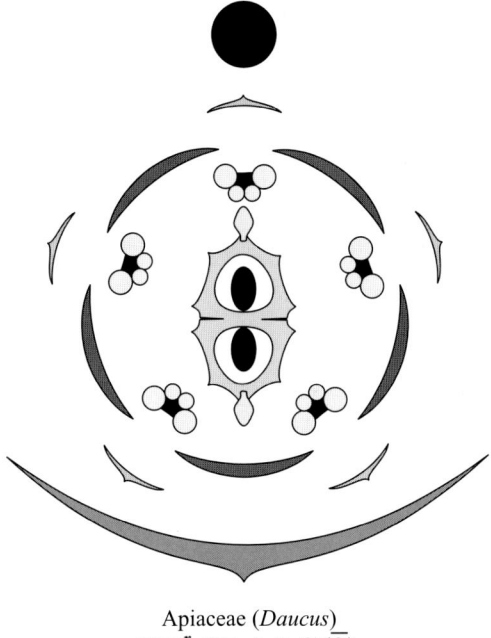

Apiaceae (*Daucus*)

$$K5^r \, C5 \, A5 \, G(\overline{2})$$

Abb. 26: Blütendiagramm der Apiaceae.

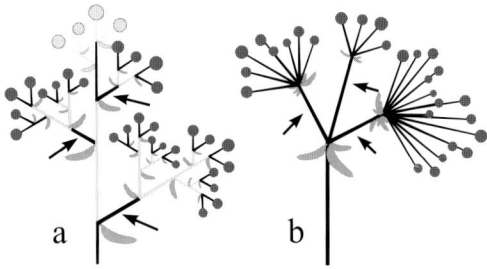

Abb. 27: Ableitung der Doppeldolde aus einer Rispe.
Nur die Blütenstiele und die 3 mit Pfeil bezeichneten Internodien bleiben erhalten, auch der Endabschnitt der Rispe geht in der Evolution verloren. Übergänge auf diesem Weg kann man in der Gattung *Hydrocotyle* finden.

(Abb. 28c, d), oder sie kann transversal abgeflacht sein, so dass die Narbenäste mit der Frucht gekreuzt stehen (Abb. 28b, e). Die Frucht kann unterhalb des Ansatzes der Blüten in einen mehr oder weniger langen sterilen Abschnitt ausgezogen sein, der Schnabel genannt wird (Abb. 28f). Fruchtmerkmale sind

---

41 Gute Bestimmungsschlüssel schlüsseln die Apiaceae deswegen zusätzlich auch unter „Blütenhülle einfach".

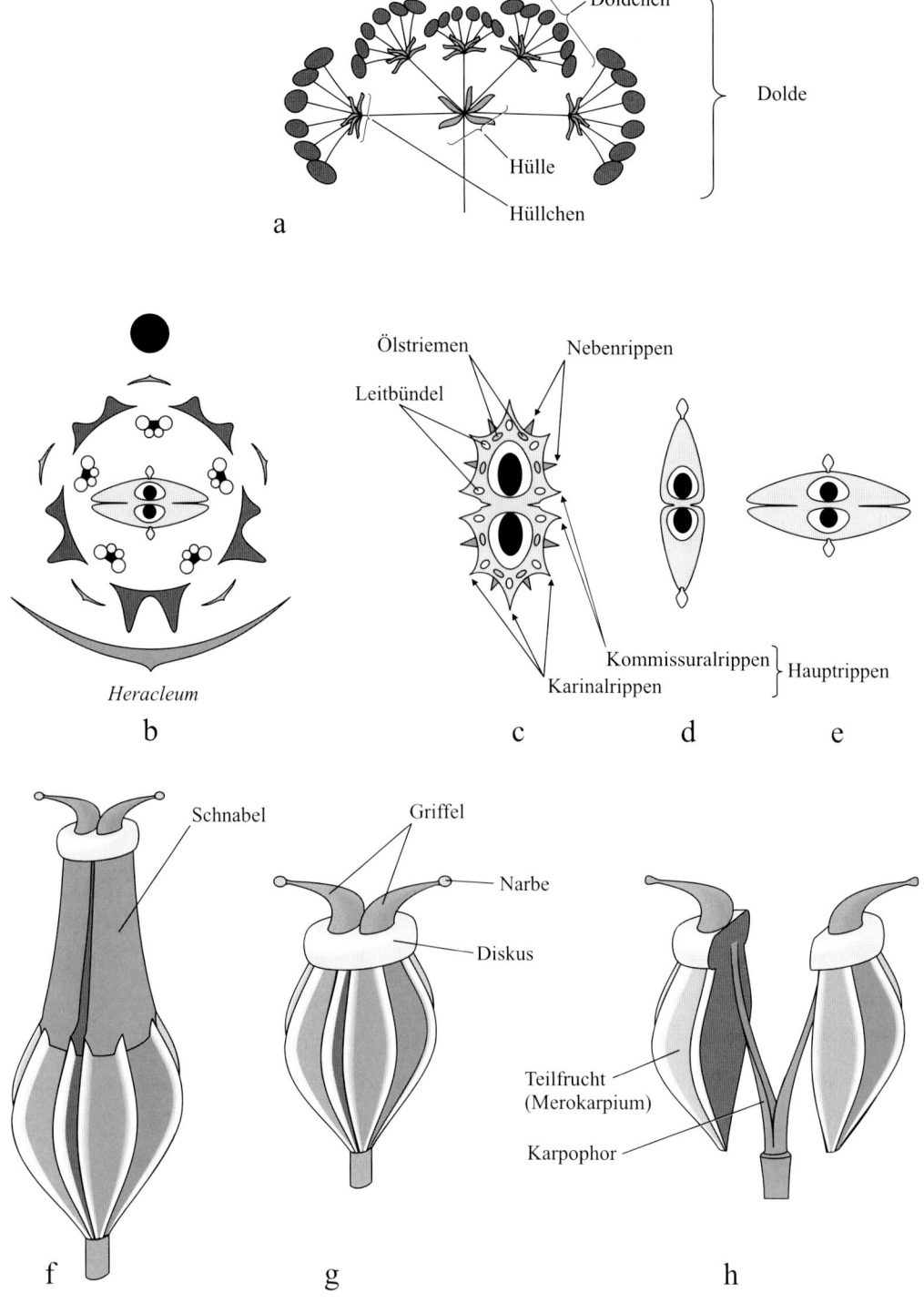

Döldchen

Dolde

Hülle

Hüllchen

a

Heracleum

b

Ölstriemen   Nebenrippen

Leitbündel

Kommissuralrippen ⎫
                   ⎬ Hauptrippen
Karinalrippen   ⎭

c   d   e

Schnabel   Griffel

Narbe

Diskus

Teilfrucht
(Merokarpium)

Karpophor

f   g   h

Abb. 28: Blütenstände und Früchte bei Apiaceae.
a – Begriffe zur Beschreibung des Blütenstandes bei Apiaceae; **b** – Diagramm der Gattung *Heracleum* (Bärenklau), die ausgerandeten Kronblätter einer zygomorphen Randblüte sind angedeutet, der Fruchtknoten ist quer orientiert; **c–e** – drei der zahlreichen verschiedenen Fruchtknoten im Querschnitt; **f** – Fruchtknoten mit Schnabel; **g** – ungeschnäbelter Fruchtknoten; **h** – Fruchtknoten aus g bei der Trennung in die beiden Teilfrüchte.

sowohl für die systematische Gliederung der Familie als auch für das Bestimmen wesentlich. Ohne relativ weit entwickelte Früchte ist mit den meisten Schlüsseln deswegen eine Bestimmung nicht möglich.

Die Blüten stehen in Dolden (Abb. 28a) oder Doppeldolden. In Abweichung von der morphologischen Terminologie wird bei den Apiaceae die Doppeldolde „Dolde" (Umbella) genannt, und die kleinere Einheit, die morphologisch eine Dolde ist, wird „Döldchen" (Umbellula) genannt. Die Tragblätter der ganzen Döldchen werden „Hülle" (Involucrum) genannt, die Tragblätter der einzelnen Blüten innerhalb eines Döldchens nennt man „Hüllchen" (Involucellum). Hülle und Hüllchen können sehr unterschiedlich gestaltet sein oder auch fehlen. Sie stellen deswegen wichtige Merkmale dar. Die Doppeldolde der Apiaceae leitet sich phylogenetisch nicht von einer Doppeltraube her, sondern von einem rispigen Blütenstand (Abb. 27a). Daraus entsteht eine Doppeldolde, indem alle Internodien reduziert werden bis auf die drei mit Pfeil bezeichneten und alle Blütenstiele (Abb. 27b). Durch Kondensation von Döldchen oder ganzen Dolden entstehen in unterschiedlichen Gruppen und auf verschiedene Weise Pseudanthien (z. B. *Orlaya grandiflora* [L.] Hoffm., *Eryngium*).

Die Apiaceae weisen in allen Organen Sekretgänge mit ätherischen Ölen auf. Als Giftstoffe kommen verschiedene Alkaloide vor. Blütenökologisch sind die Apiaceae mit ihren kleinen, den Nektar offen präsentierenden Blüten wenig spezialisiert und werden durch verschiedene Insektengruppen bestäubt. Besonders zahlreich findet man an ihnen Dipteren und zu manchen Jahreszeiten auch Käfer aus verschiedenen Gruppen, die sich auf den Blütenständen zur Paarung treffen.
Verbreitung: Vor allem in den temperierten Gebieten der Nordhemisphäre.

Die nächsten Verwandten der Apiaceae sind die Araliaceae, von denen heimisch nur der Efeu (*Hedera helix* L.) vorkommt. Bei den Araliaceae sind die Döldchen noch nicht zu Dolden zusammengefasst, und auch in anderen Merkmalen sind die Araliaceae ursprünglicher und weniger fixiert als die Apiaceae. Beide Familien werden in der Ordnung Apiales zusammengefasst.

6.2.9 Ordnung Caryophyllales

Wichtige Familien: Caryophyllaceae (Nelkengewächse), Chenopodiaceae (Gänsefußgewächse), Amaranthaceae (Fuchsschwanzgewächse), Portulacaceae (Portulakgewächse), Phytolaccaceae (Kermesbeerengewächse), Nyctaginaceae (Wunderblumengewächse), Aizoaceae (Mittagsblumengewächse), Cactaceae (Kakteen).

Caryophyllaceae (Nelkengewächse)
89 Gattungen, 2070 Arten, davon einheimisch 22 Gattungen und 118 Arten.
Zierpflanzen: *Dianthus* (Nelke; Achtung, die Gewürznelke gehört nicht zu den Caryophyllaceae, sondern zu der einheimisch nicht vorkommenden Familie der Myrtaceae).
Giftpflanzen: *Agrostemma githago* L. (Kornrade; Name nicht mit der zu den Asteraceae gehörenden Korn*blume* verwechseln!)
Beschreibung: Kräuter oder Stauden. Blätter ungeteilt, ganzrandig, meist (Unterfamilien Silenoideae und Alsinoideae immer!) ohne Stipeln, fast stets gegenständig (*Corrigiola litoralis* L., Hirschsprung, mit wechselständiger Beblätterung wird heute meist zu den Molluginaceae gestellt).

Blüten (Abb. 29) radiär, im ursprünglichsten Fall durchgehend 5-zählig (z. B. *Lychnis* [= *Viscaria*] *alpina* L.), seltener 4-zählig. Kelch bei der Unterfamilie Silenoideae verwachsen, bei der Unterfamilie Alsinoideae frei. Krone frei, seltener (nicht bei Silenoideae) kleiner als der Kelch oder sogar fehlend. Androeceum aus 1 oder 2 Kreisen introrser Staubgefäße. Im ursprünglichsten Fall beide Kreise 5-zählig. Bei 2 Kreisen decken die Antheren des inneren Kreises in der Knospe die Antheren des äußeren Kreises. Dadurch wird bei oberflächlicher Betrachtung scheinbar die Alternanzregel durchbrochen. Die Anlegungsweise und Insertion der

Caryophyllaceae (*Lychnis alpina* L.)

※ K(5) C5 A5+5 G(5̲)

Abb. 29: Blütendiagramm der Caryophyllaceae.
Trotz regelgerechter Anlegung und Insertion werden die äußeren Staubgefäße von den inneren in der Knospe gedeckt und stehen deswegen scheinbar an der falschen Position. Im Diagramm ist dies durch die eingezeichneten Filamente angedeutet.

Staubgefäße entspricht jedoch der Regel.[42] Androeceum in abgeleiteteren Gruppen 4-zählig wie die Blütenhülle oder bei 5-zähliger Blütenhülle auf 3 oder selten sogar 2 Staubgefäße reduziert. Häufig fehlt der innere Kreis von Staubgefäßen. Filamente untereinander frei, die des inneren Kreises jedoch an der Basis ein Stück mit den Petalen verwachsen. Gynoeceum bei 5-zähliger Blütenhülle 5- oder 3-zählig, bei 4-zähliger Blütenhülle ebenfalls 4-zählig, unilokulär mit zentraler Plazentation („Centrospermae"), nicht selten im basalen Teil durch Septen unterteilt und Plazentation dann im basalen Bereich unter Umständen ein kurzes Stück zentralwinkelständig. Früchte Kapseln, die sich entlang der Karpellgrenzen von der Spitze her öffnen.

Die meisten Arten sind entomophil und werden überwiegend von tagaktiven Bestäubern besucht. Vor allem unter den weißblütigen oder weißlichen Silenoideae finden sich jedoch auch typische Nachtfalterblumen. Einige wenige sind sekundär teilweise zur Windblütigkeit übergegangen (*Silene otites* [L.] Wibel, Ohrlöffel-Leimkraut). Einige Arten sind diözisch (*Silene dioica* [L.] Clairv., Rote Lichtnelke, *Silene otites* [L.] Wibel).

Als Blütenstände treten monotele Thyrsen, Dithyrsen oder Pleiothyrsen auf. Einfache Thyrsen sind manchmal auf die Endblüte und 2 Cymen reduziert. Solche reduzierte Thyrsen werden oft mit Cymen verwechselt, von denen sie aber leicht zu unterscheiden sind, weil die untersten Seitenäste nicht in den Achseln von Vorblättern stehen.

Die Familie wird in drei Unterfamilien unterteilt. Die **Silenoideae** (*Dianthus*, Nelke; *Lychnis*, Lichtnelke; *Silene*, Leimkraut) weisen einen verwachsenen Kelch und vielfach in Platte und Nagel gegliederte Kronblätter auf (Abb. 30c). An der Übergangsstelle von der Platte zum Nagel findet sich vielfach eine Nebenkrone oder Ligula. Die **Alsinoideae** haben einen freien Kelch, die Kronblätter sind nicht in Platte und Nagel gegliedert und sind vielfach tief zweigespalten, so dass bei oberflächlicher Betrachtung die doppelte Anzahl von Kronblättern vorhanden zu sein scheint (Abb. 30d). Den **Paronychioideae** fehlt vielfach die Krone. Sie haben im Gegensatz zu den anderen beiden Unterfamilien kleine Stipeln und 1- bis 4-samige Schließfrüchte.

Die nächsten einheimischen Verwandten sind die Chenopodiaceae (Gänsefußgewächse), Portulacaceae (Portulakgewächse) und die Amaranthaceae (Fuchsschwanzgewächse). Die Cactaceae (Kakteen) und Aizoaceae (Mittagsblumengewächse) gehören ebenso wie die Nyctaginaceae (Wunderblumengewächse, durch die Zierpflanze *Bougainvillea* und die von Gregor Mendel für seine Versuche verwendete Wunderblume *Mirabilis jalapa* L. bekannt) in die nähere Verwandtschaft der Caryophyllaceae. Alle diese Familien zeichnen sich einheitlich

---

42 Echte „Obdiplostemonie", das heißt eine vertauschte Folge der Anlegung von innerem und äußerem Staubgefäßkreis und damit ein Bruch der Alternanzregel, kommt im Androeceum bei den Caryophyllaceae nicht vor. Bei der Stellung der Karpelle kann man jedoch bei einigen Arten einen durch die Größen- und Platzverhältnisse am Scheitel verursachten Bruch der Stellungsregeln beobachten; hierfür gibt es keinen Spezialbegriff. Vielfach wird als Obdiplostemonie bereits eine vertauschte Position in der fertigen Blüte bezeichnet, ohne dass eine vertauschte Anlegung und damit ein Bruch der Alternanzregel vorliegen würde.

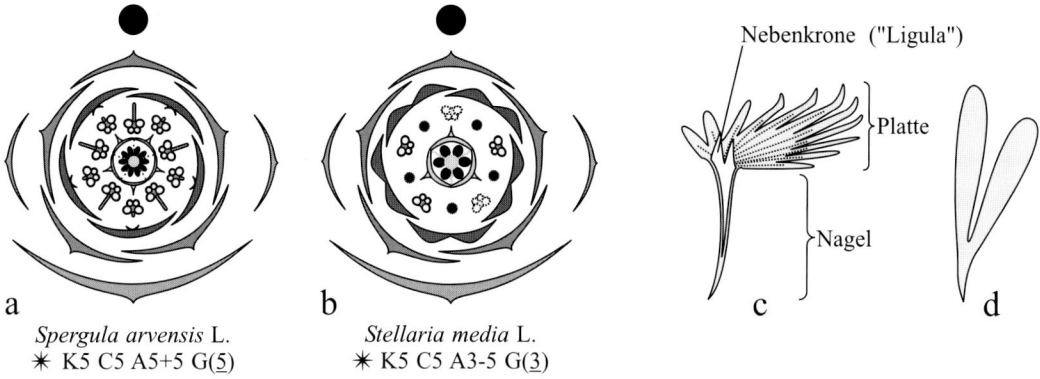

a — *Spergula arvensis* L.
✳ K5 C5 A5+5 G($\underline{5}$)

b — *Stellaria media* L.
✳ K5 C5 A3-5 G($\underline{3}$)

Nebenkrone ("Ligula")

Platte

Nagel

c

d

Abb. 30: Caryophyllaceae.
a — Beispiel mit Alternanzbruch zwischen innerem Staubgefäßwirtel und Gynoeceum; b — Beispiel mit fehlendem innerem Staubgefäßwirtel, es können noch weitere Staubgefäße fehlen im Diagramm durch hellere Farbe angedeutet); c — in Platte und Nagel gegliedertes Petalum bei Silenoideae; d — zweilappiges Petalum einiger Alsinoideae.

durch die Farbstoffgruppe der Betalaine (charakteristisches Rot z.B. von Rote Bete) aus, lediglich die Caryophyllaceae selbst haben statt dessen die viel verbreiteteren Anthocyane. Die Betalaine sind eines der wichtigsten gemeinsamen Merkmale der Ordnung der Caryophyllales. Sie kommen sonst nirgends im Pflanzenreich vor, der rote Farbstoff im Hut des Fliegenpilzes ist jedoch ebenfalls ein Betalain.

Chenopodiaceae (Gänsefußgewächse)
120 Gattungen mit zusammen 1300 Arten, davon einheimisch 11 Gattungen und 55 Arten.
Nutzpflanzen: *Spinacia oleracea* L. (Spinat), *Beta vulgaris* L. (Mangold, Runkelrübe = Kuhrübe, Zuckerrübe, Rote Rübe = Rote Bete).
Beschreibung: Kräuter oder Stauden, seltener Halbsträucher. Blätter wechselständig, ohne Stipeln, zuweilen sukkulent. In Blüten und vegetativen Teilen vorkommende rote Farbstoffe sind Betalaine (Beta = Rote Rübe!) und nicht wie sonst meistens Anthocyane.

Blüten klein bis sehr klein und unscheinbar, zwittrig oder eingeschlechtig und Blüten dann in monözischer oder diözischer (Spinat) Verteilung. Blütenhülle meist 5-zählig, 1 fach, manchmal sich nach der Blüte vergrößernd und entweder fleischig oder sklerenchymatisch werdend, seltener Blütenhülle völlig fehlend. Staubgefäße 4 oder 5, bei vorhandenem Perianth gleich viele wie Perigonblätter, vor diesen stehend. Fruchtknoten oberständig, 1-fächrig, aus 2 oder 3 Karpellen, mit einer einzigen, zentralen Samenanlage. Frucht eine Nuss, sehr selten (*Beta*) eine Deckelkapsel.

6.2.10 Ordnung Polygonales

Einzige Familie der Ordnung: Polygonaceae.

Polygonaceae (Knöterichgewächse)
51 Gattungen, 1150 Arten, davon einheimisch 6 Gattungen und 52 Arten.
Nutzpflanzen: *Rheum rhabarbarum* L. (Rhabarber), *Fagopyrum esculentum* Moench (Buchweizen).
Beschreibung: Kräuter und Stauden (selten und nicht einheimisch Gehölze). Stängel meist hohl und knotig gegliedert, Blätter wechselständig, Stipeln zu einer röhrigen Scheide (Ochrea) verwachsen.

Blüten (Abb. 31) klein, radiär, zwittrig oder eingeschlechtig, Blütenhülle 3- bis 6-zählig, bis zur Fruchtreife bleibend, Staubblätter 3 bis 9, Fruchtknoten oberständig, 1-fächrig, Frucht eine 2- bis 3-kantige, 1-samige Nuss.
Verbreitung: Besonders in temperierten Zonen, auch tropisch.

6.2.11 Ordnung Capparales

Wichtige Familien: Capparaceae (Kaperngewächse), Brassicaceae (Kreuzblütler), Resedaceae (Resedengewächse).

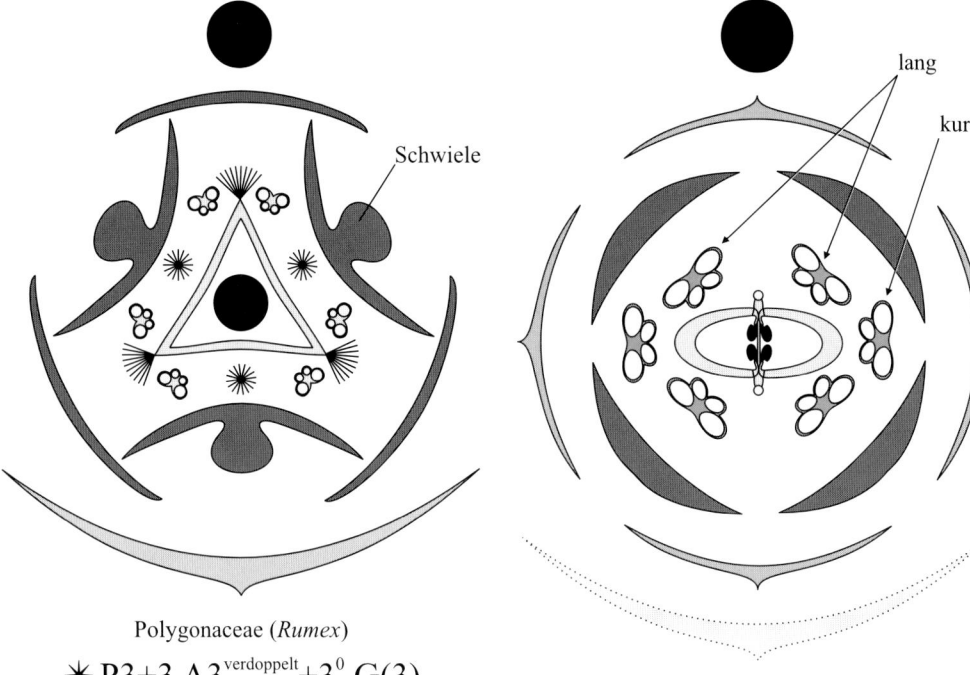

Polygonaceae (*Rumex*)

$$* \; P3+3 \; A3^{\text{verdoppelt}}+3^{0} \; G(\underline{3})$$

Brassicaceae

$$\multimap \; K4 \; C4 \; A2+4 \; G(\underline{4})$$

Abb. 31: Blütendiagramm der Polygonaceae.
Die Staubgefäße des äußeren Kreises sind durch Spaltung der Anlagen verdoppelt, die des inneren Kreises fehlen.

Abb. 32: Blütendiagramm der Brassicaceae.
Das Tragblatt kann stark reduziert sein und sogar scheinbar fehlen.

Brassicaceae (Cruciferae, Kreuzblütler)
390 Gattungen, 3000 Arten, davon einheimisch 51 Gattungen und 206 Arten.
Nutzpflanzen: *Brassica oleracea* L. (Gemüse-kohl, viele Kulturformen wie z.B. Kohlrabi, Weiß-, Rot-, Grün-, Blumenkohl, Broccoli, Wirsing), *Brassica napus* L. (Raps), *B. napus* L. subsp. *rapifera* (Metzg.) Sinskaya (Kohl-rübe), *Raphanus sativus* L. (Rettich, Radies-chen), *Armoracia rusticana* P. baert. et al (Meerrettich), *Sinapis alba* L. (Weißer Senf), *Lepidium sativum* L. (Garten-Kresse) und an-dere.
Zierpflanzen: *Iberis* (Schleifenblume), *Chei-ranthus cheiri* L. (Goldlack), *Aubrieta deltoi-dea* (L.) DC. (Blaukissen), *Matthiola* (Lev-koje), *Alyssum* (Steinkresse) und andere.
Für die **Forschung** spielt weiterhin *Arabidop-sis thaliana* (L.) Heynh. eine große Rolle. Die-ses kleine Ackerunkraut zeichnet sich durch einen besonders kurzen Lebenszyklus und ein

sehr kleines und deswegen inzwischen sehr gut bekanntes Genom aus. *Arabidopsis* ist daher seit langem ein wichtiges Objekt in der Pflan-zengenetik und Pflanzenphysiologie. *Arabidop-sis* ist die *Drosophila* der Botanik!
Beschreibung: Kräuter oder Stauden, selten Zwergsträucher (z.B. *Iberis*). Blätter wechsel-ständig.
Blüte (Abb. 32) mit 4-zähligem, freiem Kelch. Krone 4-zählig, frei, manchmal die im Blütenstand zur Peripherie gerichteten beiden Kronblätter stark vergrößert (*Iberis*). Staubge-fäße 6, in 2 Kreisen, der äußere mit nur 2 kürzeren, in der Transversalebene stehenden Staubgefäßen, der innere mit 4 längeren, vor den Kronblättern stehenden Staubgefäßen, an der Basis der Staubgefäße Nektarien. Frucht-knoten oberständig, oft mit kurzem Stiel (Gy-nophor), mit 2 Lokulamenten, die sich bei der Reife mit je 1 Klappe öffnen. Narben 2, kom-missural, meist einen mehr oder weniger ein-

heitlichen Narbenkopf bildend, seltener deutlich 2-spaltig. Die Samen bleiben beim Öffnen der Frucht (Abb. 33) zunächst an dem stehen bleibenden Rahmen (Replum) hängen, der mit der darin aufgespannten, silbrig weißen Scheidewand ein blattähnliches Gebilde darstellt. Diese besondere Form der Kapsel der Brassicaceae wird Schote genannt. Bleibt am distalen Ende ein Stück der Frucht nach dem Ablösen der Klappen geschlossen, so wird dieser Abschnitt Schnabel genannt. Der Schnabel kann 1 bis mehrere Samen enthalten. Die Schote der Brassicaceae wird heute als aus 4 Karpellen aufgebaut angesehen.[43] In seltenen Fällen öffnet sich die Frucht nicht und bildet eine 1-samige (seltener 4-samige) Flügelnuss (*Isatis*), oder die Frucht zerfällt ähnlich den Apiaceae in 2 1-samige Nüsschen (*Biscutella*, Brillenschötchen).

Die Morphologie der Frucht ist sowohl für das Bestimmen als auch für die systematische Gliederung der Familie von Bedeutung. Wichtig ist dabei das Verhältnis von Länge zu Breite[44] und ob die Frucht in Richtung der Scheidewand abgeflacht und die Scheidewand damit ebenso breit wie die Frucht ist (*Lunaria*) oder ob sie senkrecht zur Scheidewand abgeflacht und damit relativ zur Breite der Frucht schmal ist (*Capsella*).

Den Blüten gehen keine Vorblätter voraus. Sie stehen in Trauben, deren Tragblätter nicht selten so weit reduziert sind, dass sie auch mit der Lupe nicht mehr erkennbar sind. Die Trauben sind vielfach zu Doppeltrauben zusammengefasst.

Die **nächsten Verwandten** der Brassicaceae sind die Capparidaceae, bei denen vor allem die auch als Zierpflanze bekannte Gattung *Cleome* im Blütendiagramm große Ähnlichkeit zu den Brassicaceae aufweist.

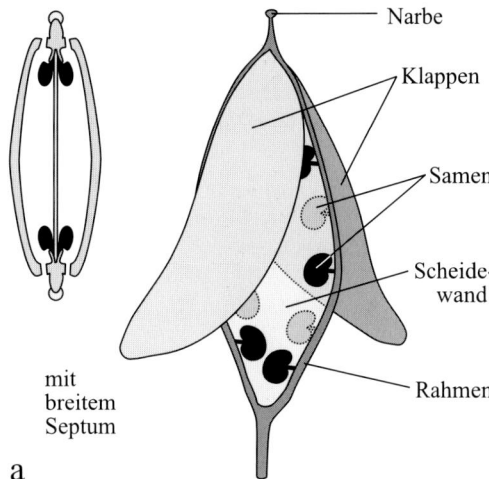

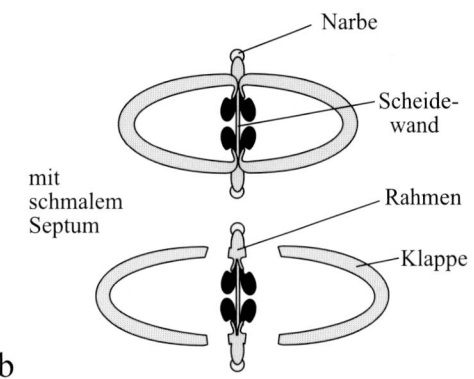

Abb. 33: Aufbau der Frucht bei Brassicaceae.
a – ganze, sich gerade öffnende Frucht und Querschnitt durch die geschlossene Frucht bei einer Art mit breitem Septum; b – Querschnitt bei geschlossener und sich öffnender Frucht bei einer Art mit schmalem Septum.

43 Das Gynoeceum wurde früher als aus 2 transversal stehenden Karpellen aufgebaut betrachtet, die Scheidewand, die den Fruchtknoten unterteilt, wurde als Wucherung der Plazenta betrachtet und die Scheidewand deswegen als „falsche Scheidewand" betrachtet (im Gegensatz zu den von den Karpellflanken gebildeten „echten Scheidewänden"). Diese Annahme basierte auf der heute als falsch erkannten Vermutung, die Brassicaceae und Capparidaceae seien mit den Papaveraceae näher verwandt (zusammengefasst als Rhoeadales). Heute ist klar, dass die Capparidales in keinem näheren Zusammenhang zu den Papaverales stehen, und das Blütendiagramm der Brassicaceae wird auf durchgehend vierzählige Wirtel zurückgeführt. Dabei gibt es sowohl eine Interpretation, nach der die Scheidewand der Brassica-

ceae eine echte Scheidewand ist, als auch eine, nach dersie eine falsche Scheidewand bleibt. Keine der verschiedenen Interpretationen hat sich bisher durch vergleichende oder ontogenetische Untersuchungen eindeutig belegen oder ausschließen lassen, so dass derzeit verschiedene Interpretationen gleichzeitig in Gebrauch sind.

44 Früchte, die im reifen Zustand mehr als dreimal so lang wie breit sind, werden Schoten genannt, und solche, die weniger als dreimal so lang wie breit sind, werden Schötchen genannt, da sie mit wenigen Ausnahmen (*Lunaria*) auch relativ klein bleiben. Die Unterscheidung in Schote und Schötchen ist wie der Begriff Schote insgesamt eine Eigenheit der deutschsprachigen Literatur und im Grunde überflüssig, da die Frucht in jeder Beziehung der Definition der Kapsel genügt: Die Schote ist eine valvate (sich mit Klappen öffnende) Kapsel!

6.2.12 Ordnung Ericales

Wichtige Familien: Pyrolaceae (Wintergrüngewächse), Monotropaceae (Fichtenspargelgewächse), Ericaceae (Heidekrautgewächse).

Ericaceae (Heidekrautgewächse)

103 Gattungen, 3350 Arten, davon einheimisch 16 Gattungen und 32 Arten.

Nutzpflanzen: *Vaccinium myrtillus* L. (Heidelbeere), *Vaccinium vitis-idaea* L. (Preiselbeere).

Zierpflanzen: *Rhododendron* (Rhododendron und Azalee), *Calluna vulgaris* (L.) Hull (Besenheide, Heidekraut, im Handel oft unzutreffenderweise als „Erica"), *Erica carnea* L. (Schnee-Heide).

Beschreibung: Holzpflanzen, meist Sträucher und Zwergsträucher, selten Bäume, mit endotropher Mykorrhiza, oft auf nährstoffarmen, sauren Böden. Blätter ledrig, immergrün, zuweilen nadelförmig, immer ungeteilt, ohne Stipeln, wechsel-, gegen- oder quirlständig.

Blüten (Abb. 34) meist radiär, 5- oder 4-zählig, Krone verwachsen, 2 Staubblattkreise, Antheren oft mit 2 hornförmigen Anhängseln (Pollenschüttelapparaten), Fruchtknoten meist 5- oder 4-fächrig, ober- oder unterständig. Kapselfrüchte, Beeren oder Steinfrüchte.

Verbreitung: Weltweit, vorwiegend in temperierten und kalten Gebieten.

6.2.13 Ordnung Primulales

Einzige einheimische Familie: Primulaceae.

Primulaceae (Primelgewächse)

22 Gattungen, 800 Arten, davon einheimisch 11 Gattungen und 37 Arten.

Zierpflanzen: *Primula* (Primel), *Cyclamen* (Alpenveilchen; Achtung, die eigentlichen Veilchen-Arten gehören in die nicht näher verwandte Familie der Violaceae, Veilchengewächse!).

Beschreibung: Kräuter oder Stauden. Blätter grund- oder wechselständig, ohne Stipeln.

Blüten (Abb. 35) durchgehend 5-zählig, radiär. Ausnahmsweise und nicht artkonstant treten auch 6- oder 4-zählige Blüten auf. Kelchblätter mehr oder weniger deutlich verwachsen, auch nach der Samenreife erhalten bleibend.

Ericaceae (*Vaccinium*)

$$\ast\ \text{K5 C(5) A5+5 G}(\overline{5})$$

Abb. 34: Blütendiagramm der Ericaceae.

Primulaceae (*Primula*)

$$\ast\ \text{K(5) [C(5) A5] G}(\underline{5})$$

Abb. 35: Blütendiagramm der Primulaceae.

Krone verwachsen, zusammen mit den an der Kronblattbasis oder an der Innenseite der Krone inserierenden Staubgefäßen als Einheit abfallend. Nur 1 Kreis von Staubgefäßen in epipetaler Position vorhanden (Unterschied zu ähnlich gebauten Blüten bei Boraginaceae!). Fruchtknoten unilokulär, aus 5 Karpellen, mit zentraler Plazenta. Frucht eine Kapsel, die sich von der Spitze her an den Karpellgrenzen und Karpellmitte durch Zurückrollen der Karpellspitzen öffnet.

Blütenstände Thyrsen (*Lysimachia vulgaris* L.), Trauben (*Anagallis, Lysimachia nemorum* L.) oder von Trauben abgeleitete Dolden (*Primula*).

Blütenbiologisch sind die insektenbestäubten Primulaceae wegen der bei *Primula* vorkommenden Heterostylie interessant. Innerhalb einer Art treten dabei zwei bestäubungsbiologische Morphen auf. Die eine hat lange Griffel und kurze, in der Kronröhre verborgene Staubgefäße, während die andere lange Staubgefäße und kurze, in der Kronröhre verborgene Griffel aufweist. Der morphologisch für sich alleine schon recht wirkungsvolle Mechanismus erzwingt zusammen mit dem zusätzlich vorhandenen genetischen Selbstinkompatibilitätsmechanismus die Fremdbestäubung.

6.2.14 Ordnung Rubiales

Einzige Familie der Ordnung: Rubiaceae.

Rubiaceae (Rötegewächse, Labkrautgewächse)
630 Gattungen, 10 400 Arten, davon einheimisch 4 Gattungen und 39 Arten.
Nutzpflanzen: *Coffea arabica* L. (Kaffee).
Beschreibung: Einheimisch nur Kräuter und Stauden, in den Tropen und Subtropen auch Sträucher und Bäume in großer Zahl. Blätter einfach, gegenständig, Stipeln vorhanden, oft den Laubblättern gleichgestaltet, dann Quirlständigkeit vortäuschend.

Blüten (Abb. 36) radiär, zwittrig, 4- oder 5-zählig, Kelch oft reduziert, Krone sympetal mit langer oder kurzer Röhre, 1 Kreis von Staubgefäßen, Fruchtknoten unterständig, 2-zählig und 2-fächrig.

Als Fruchtformen kommen Spaltfrüchte, Beeren, Steinfrüchte und Kapseln vor.
Verbreitung: Vorwiegend tropische Familie; in Mitteleuropa nur wenige Gattungen, in den

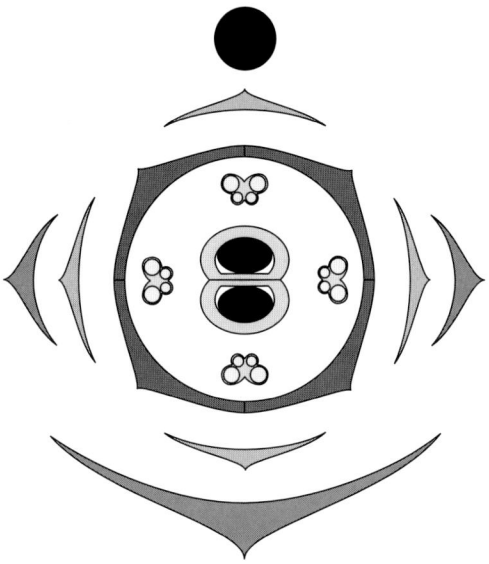

Rubiaceae (*Galium*)

$$\ast\ \mathrm{K4\ [C(4)\ A4]\ G(\overline{2})}$$

Abb. 36: Blütendiagramm der Rubiaceae.

Tropen eine der wichtigsten Familien, die mit der Gattung *Myrmecodia* sogar die epiphytische Lebensweise erreicht und damit in fast allen ökologischen Nischen vorkommt.

6.2.15 Ordnung Oleales

Einzige Familie der Ordnung: Oleaceae.

Oleaceae (Ölbaumgewächse)
24 Gattungen, 900 Arten, davon einheimisch 2 Gattungen und 2 Arten.
Nutzpflanzen: *Olea europaea* L. (Ölbaum), *Fraxinus excelsior* L. (Esche, wichtiges Forstgehölz; Achtung nicht die Esche mit der zu den Rosaceae gehörenden Eberesche, *Sorbus aucuparia* L. verwechseln! Die Esche ist an der gegenständigen Beblätterung und den samtartig schwarzen Knospenschuppen leicht von der Eberesche zu unterscheiden.)
Zierpflanzen: *Syringa vulgaris* L. (Flieder), *Forsythia* (Forsythie), *Ligustrum vulgare* L. (Liguster, einheimisch), *Jasminum* (Jasmin) und andere.
Beschreibung: Bäume und Sträucher. Blätter gegenständig, ohne Stipeln.

Blüten radiär, Perianth durchgehend 4-zählig oder die Krone 2-zählig, bei windblütigen Arten (z. B. *Fraxinus excelsior* L.) Blütenhülle fehlend. Kelch, wenn vorhanden, oft corollinisch gefärbt (Flieder), Krone verwachsen, Staubblätter 2 (selten 4), Fruchtknoten oberständig, 2-blättrig, eine Kapsel (*Syringa*), Steinfrucht (*Olea*) oder Flügelnuss (*Fraxinus*) bildend.

6.2.16 Ordnung Scrophulariales

Wichtige Familien: Scrophulariaceae (Rachenblütler), Orobanchaceae (Sommerwurzgewächse), Lentibulariaceae (Wasserschlauchgewächse), Globulariaceae (Kugelblumengewächse), Acanthaceae (Acanthusgewächse), Bignoniaceae.

Scrophulariaceae (Rachenblütler, Braunwurzgewächse)

222 Gattungen mit zusammen 4450 Arten, davon einheimisch 26 Gattungen und 182 Arten.
Nutzpflanzen (nur Heilpflanzen): *Digitalis purpurea* L. (Roter Fingerhut, mit herzwirksamen Glykosiden).
Zierpflanzen: *Antirrhinum* (Löwenmäulchen), *Penstemon* (Bartfaden).
Beschreibung: Kräuter oder Stauden, selten Holzpflanzen. Alle Übergänge von autotrophen Pflanzen über Hemiparasiten mit Wurzelhaustorien (*Rhinanthus*, Klappertopf; *Melampyrum*, Wachtelweizen; *Pedicularis*, Läusekraut u. a.) bis zu chlorophyllfreien Vollparasiten (*Lathraea*, Schuppenwurz). Blätter meist wechselständig, seltener gegenständig, meist ungeteilt, ohne Stipeln.

Blüten (Abb. 37) (fast) radiär oder häufiger stark zygomorph. Kelch meist 5-zählig und frei, an der reifen Frucht persistierend. Das median hintere Kelchblatt aber nicht selten kleiner als die übrigen oder sogar makroskopisch nicht feststellbar. Kronblätter verwachsen, Krone 5-zählig oder durch besonders starke Verwachsung der beiden hinteren Petalen scheinbar 4-zählig. Median vorderes Kronblatt oft mit einem Nektarsporn oder (und) einer Aufwölbung (Abb. 38a), die als Wulst auf der Unterlippe den Eingang zur Kronröhre maskiert (daher die alte Ordnungsbezeichnung Maskenblütige, Personatae). Androeceum 5-zählig oder durch Reduktion des median hinteren Staubgefäßes 4-zählig oder durch zusätz-

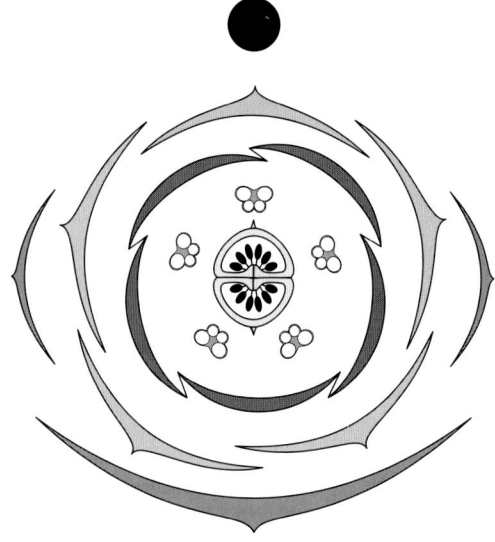

Scrophulariaceae (*Verbascum*)

$$\ast \ K5 \ C(5) \ A5 \ G(\underline{2})$$

Abb. 37: Blütendiagramm der Scrophulariaceae.

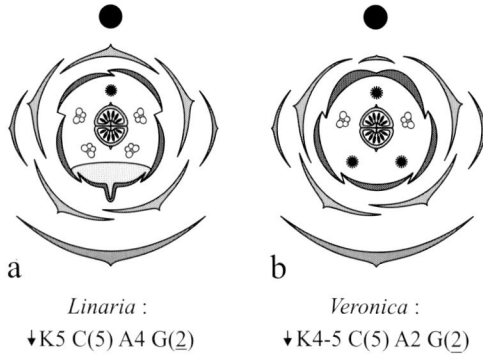

a   b

Linaria :   *Veronica* :
↓K5 C(5) A4 G(<u>2</u>)   ↓K4-5 C(5) A2 G(<u>2</u>)

Abb. 38: Häufige Abwandlungen des Grundtypus bei Scrophulariaceae.
a – zygomorphe Blüte mit Sporn und Maskierung der Kronröhre, medianes hinteres Staubgefäß fehlend; b – leicht zygomorphe Blüte, das mediane hintere und die beiden vorderen Staubgefäße fehlend.

liche Reduktion der beiden vorderen Staubgefäße 2-zählig (Abb. 38b). Gynoeceum aus 2 Karpellen, verwachsen, oberständig. Frucht eine 2-fächrige Kapsel.

Blütenstände meist Thyrsen aus dichasialen Cymen oder Doppelwickeln. Durch Reduktion der Cymen auf die Primanblüte kommen in einigen Gruppen Trauben vor. Dabei können die sonst vorhandenen Vorblätter ebenfalls reduziert werden und sogar fehlen. Bei einigen Arten (z. B. *Penstemon*) kommt an den Stellen, an denen andere Taxa Cymen tragen, ein ähnlich gebauter Blütenstand vor, dem aber auf die beiden Vorblätter noch ein drittes Blatt folgt.[45] Die Teilblütenstände sind in diesem Fall keine Cymen, sondern Botryoide.

Bestäubung durch Insekten, oft Hummeln. Durch die Ausbildung von Spornen und Masken erfolgt vielfach eine Spezialisierung auf einen ganz bestimmten Bestäuber, da bei anderen entweder die Rüssellänge nicht zur Länge des Spornes passt oder die Kraft nicht reicht, um die Maske herunter zu drücken und den Eingang in die Kronröhre freizumachen.

6.2.17 Ordnung Solanales

Wichtige Familien: Polemoniaceae (Sperrkrautgewächse, Himmelsleitergewächse), Convolvulaceae (Windengewächse), Solanaceae (Nachtschattengewächse).

Solanaceae (Nachtschattengewächse)

90 Gattungen, 2600 Arten, davon einheimisch 7 Gattungen und 16 Arten.

Nutzpflanzen: *Solanum tuberosum* L. (Kartoffel), *Lycopersicon esculentum* Mill. (= *Solanum lycopersicum* L., Tomate), *Capsicum annuum* L. (Paprika), *Physalis peruviana* L. (Kapstachelbeere), *Nicotiana tabacum* L. (Tabak, der Giftstoff Nikotin wird außer als Genussmittel auch im Gartenbau als Schädlingsbekämpfungsmittel eingesetzt).

Zierpflanzen: *Datura* (Stechapfel, Engelstrompete), *Nicandra* (Giftbeere), *Salpiglossis* („Bauernorchidee"), *Schizanthus* (Spaltblume), *Nicotiana* (Ziertabak), *Physalis alkekengi* L. (Lampionblume, Blasenkirsche), *Petunia* (Petunie).

Giftpflanzen: *Atropa bella-donna* L. (Tollkirsche, Giftstoff Atropin), *Hyoscyamus* (Bilsenkraut), *Datura* (Stechapfel), *Nicandra* (Gift-

Solanaceae
(*Solanum tuberosum* L.)

$$\ast\ \text{K}(5)\ \text{C}(5)\ \text{A}5\ \text{G}(\underline{2})$$

Abb. 39: Blütendiagramm der Solanaceae.

beere) und viele andere. Fast alle Solanaceae sind zumindest in den grünen Teilen giftig (auch ergrünte Kartoffeln!). Dies gilt auch für die zahlreichen Zierpflanzen in der Familie.

Beschreibung: Kräuter, Stauden, selten (nicht bei einheimischen Arten) Holzgewächse. Blätter wechselständig, ohne Stipeln. Durch konkauleszente und rekauleszente Verlagerung werden die Verzweigungsverhältnisse oft fast undurchschaubar.

Blütenhülle meist radiär, seltener deutlich zygomorph (Abb. 39). Kelch und Krone 5-zählig, Kelch kaum oder deutlich verwachsen, an der Frucht persistierend, Krone verwachsen, in der Knospe oft gefaltet. Staubgefäße meist 5, mit den Petalen alternierend, seltener und nur bei Arten mit stark zygomorphen Blüten 4 oder 3. Fruchtknoten oberständig, 2-blättrig, 2-fächrig (bei Kulturformen von Tomate und Paprika

---

45 Dieses dritte Blatt wird von manchen Autoren als drittes Vorblatt angesehen. Hier wird jedoch die enge Definition von Vorblättern strikt durchgehalten, nach der es maximal zwei Vorblätter geben darf. Nur so lassen sich Missverständnisse vermeiden. Wesentliche Erkenntnis aus dem Vorkommen dieses dritten Blattes ist, dass sich Cymen offenbar aus der Reduktion von rispenartigen Teilblütenständen herleiten lassen.

aber sekundär vermehrt und bei Paprika nicht vollständig gefächert, Zweizahl bei Italienischer Eiertomate und Peperoni jedoch deutlich), Frucht eine Beere (z. B. Tomate, Paprika), Deckelkapsel (z. B. *Hyoscyamus*) oder septizid dorsizide Kapsel (z. B. *Datura*). Die Scheidewand der Frucht steht immer schräg zur Medianebene, so dass die Blüte bei Berücksichtigung aller Wirtel immer mehr oder weniger schräg zygomorph ist.

Verbreitung: Vorwiegend tropisch-subtropisch, am häufigsten in Amerika.

6.2.18 Ordnung Lamiales

Wichtige Familien: Lamiaceae, Boraginaceae.

Lamiaceae (Lippenblütler)
221 Gattungen, 5600 Arten, davon einheimisch 25 Gattungen und 100 Arten.
Nutzpflanzen (nur Heil- und Gewürzpflanzen): *Origanum majorana* L. = *Majorana hortensis* Muench (Majoran), *Rosmarinus officinalis* L. (Rosmarin), *Salvia officinalis* L. (Salbei), *Thymus vulgaris* L. (Thymian), *Ocimum basilicum* L. (Basilikum), *Origanum vulgare* L. (Origano, Dost), *Mentha* × *piperita* L. (Pfefferminze), *Melissa officinalis* L. (Zitronenmelisse), *Lavandula angustifolia* Mill. (Lavendel).

Beschreibung: Kräuter oder Stauden, seltener kleine Sträucher, ausnahmsweise (nicht bei einheimischen Arten) auch Bäume. Stängel meist deutlich 4-kantig, Blätter kreuzgegenständig (dekussiert), ungeteilt, ohne Stipeln. Pflanzen meist reich an ätherischen Ölen.

Blüten (Abb. 40) meist stark median zygomorph. Kelch 5-zählig, persistierend, verwachsen. Krone 5-zählig, die Oberlippe von 2 Kronblättern gebildet (oft an Ausrandung der Oberlippe erkennbar, immer nach der Alternanzregel aus der Stellung des median hinter der Oberlippe stehenden Kelchblattes zu schließen!). Unterlippe aus einem mittleren, manchmal an der Spitze 2-lappigen Kronblatt und 2, die Seitenlappen bildenden Kronblättern. Staubgefäße ursprünglich 4, das median hinten stehende fehlend, die Filamente der vorderen länger und unter der Oberlippe oberhalb der hinteren stehend (*Lamium*, Abb. 41a). Filamente an der Innenseite der Kronröhre inserierend und mit dieser als Einheit abfallend. Bei vielen Arten auch die beiden nächsten Staubgefäße fehlend, so dass nur noch die beiden vorderen vorhanden sind. Bei weiterer Reduktion bleiben schließlich nur noch die vorderen Theken der beiden vorderen Staubgefäße übrig (*Salvia*, Abb. 41b, c). Gynoeceum synkarp, aus 2 median stehenden Karpellen. Jedes Karpell durch eine falsche Scheidewand in 2 1-samige Teilfrüchte unterteilt, Frucht deswegen bei der Reife in 4 1-samige Nüsschen (Teilfrüchte, Merokarpien) zerfallend, die bei Lamiaceae und Boraginaceae Klausen genannt werden (Abb. 42b).

Blütenstände oft aus sitzenden Cymen aufgebaut. Infolge der gegenständigen Beblätterung stehen sich immer 2 Cymen an einem Knoten gegenüber, so dass scheinbar ein Quirl oder Wirtel von Blüten entsteht (Abb. 42c; Scheinquirl, im Gegensatz zu echten Quirlen bei wirteliger Blattstellung). Der auf den ersten Blick oft traubig oder ährenförmig aussehende Blütenstand oder Blütenstandsabschnitt ist deswegen ein polyteler Thyrsus.

Die Lamiaceae sind insektenbestäubt, meist erfolgt die Pollenübertragung über den Rücken

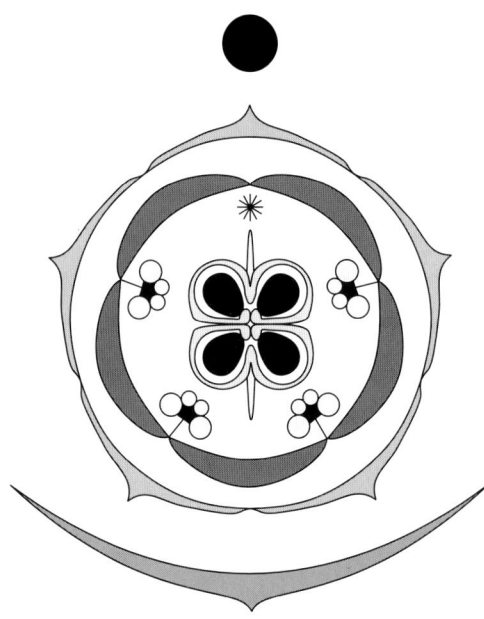

Lamiaceae (*Lamium*)

$\downarrow K(5)\ [C(5)\ A4]\ G(\underline{2})$

Abb. 40: Blütendiagramm der Lamiaceae (*Lamium*).

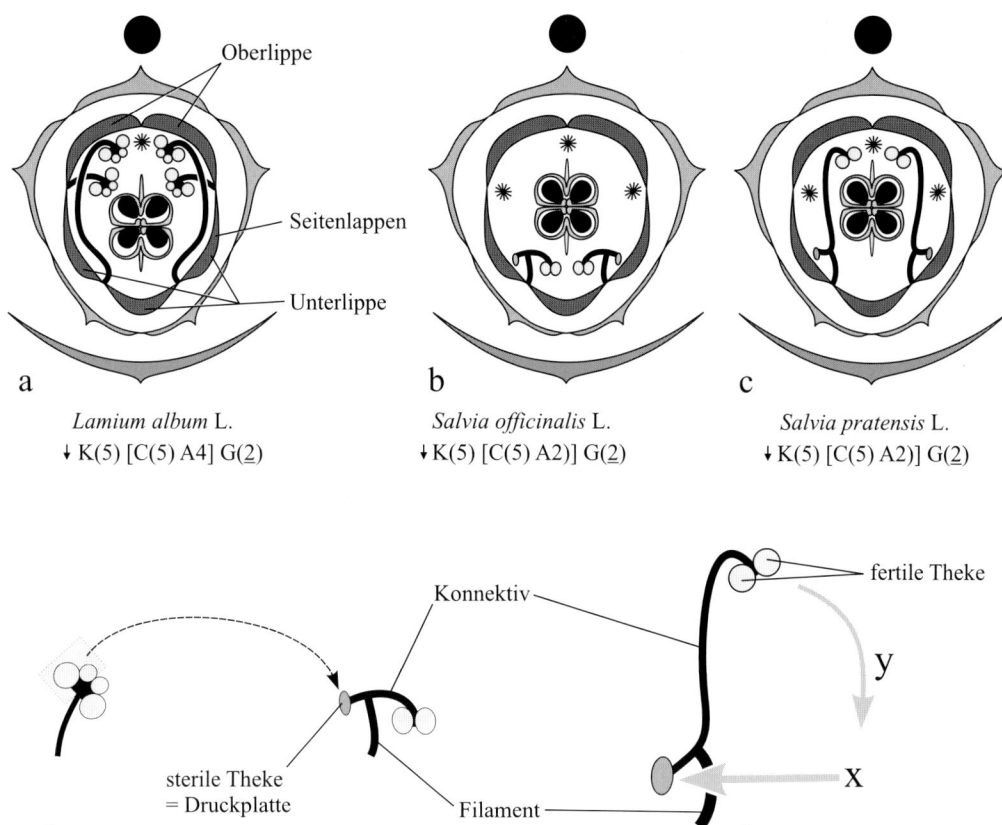

a – Diagramm von *Lamium album* L.
↓ K(5) [C(5) A4] G(2)

b – *Salvia officinalis* L.
↓ K(5) [C(5) A2)] G(2)

c – *Salvia pratensis* L.
↓ K(5) [C(5) A2)] G(2)

Abb. 41: Lamiaceae.
a – Diagramm von *Lamium album* L.: die in der Oberlippe weiter oben stehenden Antheren sind die beiden vorderen, die hinteren haben bereits kürzere Filamente; b – bei *Salvia officinalis* L. fehlen die hinteren Staubgefäße vollständig, von den vorderen ist nur die vordere Theke entwickelt; c – bei *Salvia pratensis* L. ist das Konnektiv zwischen der sterilen Theke und der fertilen vorderen Theke asymmetrisch verlängert; auf diese Weise entsteht ein Hebelmechanismus, der die in der Oberlippe verborgene Theke auf den Rücken des bestäubenden Insektes senkt, wenn dieses mit dem Kopf gegen die sterile Theke drückt; d–f – Ableitung des Hebel-Staubgefäßes von *Salvia pratensis* L. (f) aus dem normalen Staubgefäß (d) über die Zwischenstufe *Salvia officinalis* L. (e). x: Bewegung des Bestäubers gegen die Druckplatte, y: dadurch ausgelöste Bewegung der anderen Theke.

des Bestäubers (nototrib), seltener über die Bauchseite (sternotrib). Bei der Buntnessel (*Coleus = Plectranthus*) sind die Staubgefäße in der schiffchenartigen Unterlippe verborgen, so dass hier ausnahmsweise auf völlig anderer morphologischer Basis ein den Fabaceae vergleichbarer Mechanismus vorliegt.

Die im Fruchtknotenbau ähnlichen Boraginaceae haben vielfach radiäre Blüten, sie können anhand der wechselständigen Beblätterung auch bei zygomorphen Blüten in den meisten Fällen gut von Lamiaceae unterschieden wer-

den. Ausnahmsweise kommen auch bei Lamiaceae nur schwach zygomorphe, fast radiäre Blüten vor (z. B. *Origanum vulgare* L.). Die manchmal habituell ähnlichen Scrophulariaceae mit gegenständiger Beblätterung und Lippenblüten können anhand der vielsamigen Kapselfrüchte (niemals Klausen) sicher von Lamiaceae unterschieden werden.

Die nächsten Verwandten der Lamiaceae sind die etwas ursprünglicheren Verbenaceae (Eisenkrautgewächse), gegen die eine sichere Abgrenzung schwierig ist. An die Lamiaceae las-

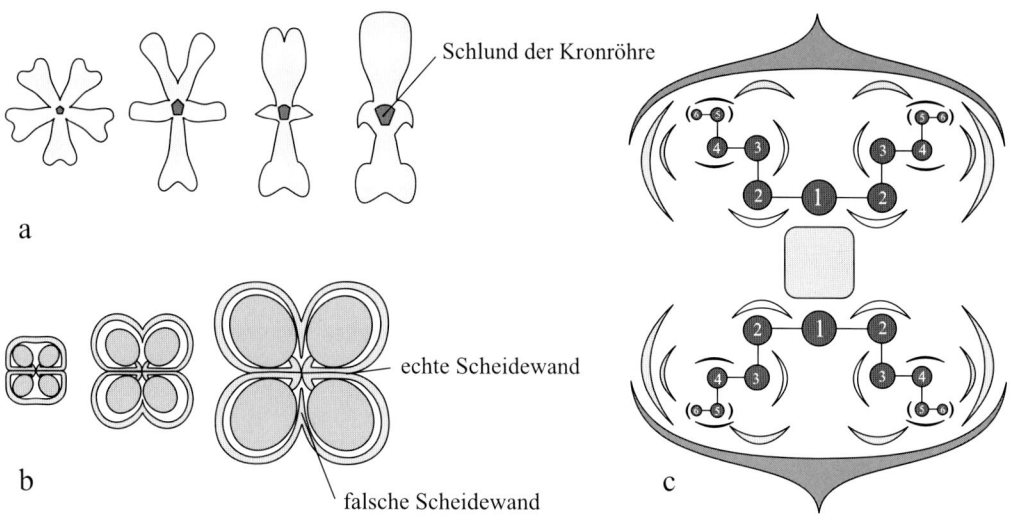

a

b

Schlund der Kronröhre

echte Scheidewand

falsche Scheidewand

c

Abb. 42: Lamiaceae.
a – morphologische Reihe von radiären Blüten zu zygomorphen Blüten; b – Entwicklung der Klausenfrucht und Lage von falschen und echten Scheidewänden; c – Diagramm eines aus zwei Doppelwickeln aufgebauten Scheinquirls.

sen sich die Callitrichaceae (Wassersterngewächse) mit extrem reduzierten Wasserpflanzen anschließen.

Boraginaceae (Raublattgewächse, Boretschgewächse)

154 Gattungen mit zusammen 2500 Arten, davon einheimisch 14 Gattungen und 48 Arten.
Nutzpflanzen: *Borago officinalis* L. (Gurkenkraut), *Symphytum officinalis* L. (Beinwell, Heilpflanze bei Knochenbrüchen usw.) und weitere, weniger bedeutende Heilpflanzen.
Zierpflanzen: *Myosotis* (Vergissmeinnicht).
Beschreibung: Kräuter oder Stauden, (seltener und nicht einheimisch Holzgewächse). Meist steifhaarig (Name!), Blätter wechselständig, ungeteilt, ohne Stipeln.

Blüten (Abb. 43) meist radiär, seltener zygomorph. Kelch 5-zählig, verwachsen und bis zur Samenreife an der Frucht persistierend. Krone 5-zählig, verwachsen, Eingang zur Kronröhre oft durch Schlundschuppen (Einstülpungen der Kronblätter) verengt. Staubgefäße 5, Filamente mit der Kronröhre verwachsen. Fruchtknoten oberständig, 2-blättrig, genau wie bei den Lamiaceae in 4 Klausen unterteilt, oft mit der Ausbreitung dienenden Kletthaaren oder Emergenzen bedeckt.

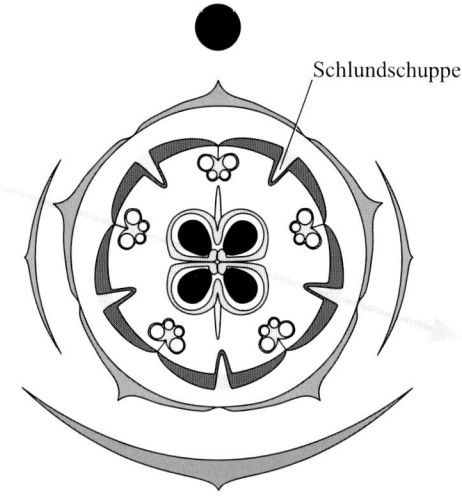

Schlundschuppe

Boraginaceae
(*Symphytum officinale* L.)

$$\ast\ \mathrm{K(5)\ [C(5)\ A5]\ G(\underline{2})}$$

Abb. 43: Blütendiagramm der Boraginaceae.
Die Blüten der Boraginaceae sind meist radiär, bei zygomorphen Blüten verläuft die Symmetrieebene wie durch den Pfeil angedeutet, die Blüten sind dann schräg zygomorph und nicht median zygomorph wie die der Lamiaceae.

Wenn bei Boraginaceae zygomorphe Blüten vorkommen, so ist die Symmetrieebene nicht die Mediane wie bei den Lamiaceae, sondern die Symmetrieebene liegt schräg zur Medianebene, wie durch den grauen Pfeil angedeutet! Trotz der sehr ähnlichen Klausenfrüchte sind die Boraginaceae nicht besonders eng mit den Lamiaceae verwandt.

6.2.19 Ordnung Campanulales

Wichtige Familien: Lobeliaceae (Lobeliengewächse), Campanulaceae (Glockenblumengewächse).

Campanulaceae (Glockenblumengewächse)
87 Gattungen, 1950 Arten, davon einheimisch 5 Gattungen und 14 Arten.
Beschreibung: Kräuter oder Stauden, selten Gehölze. Meist Milchsaft führend, Blätter wechselständig, ohne Stipeln.
Perianth (Abb. 44) 5-zählig (selten 5 bis 8 und dann nicht konstant), Kelch an der reifen Frucht persistierend, Blütenkrone verwachsen,

Campanulaceae
(*Campanula persicifolia* L.)

$$\ast \ K5 \ C(5) \ A5 \ G(\overline{3})$$

Abb. 44: Blütendiagramm der Campanulaceae.

Staubgefäße frei, Pollen wird noch in der Knospe auf Fegehaare des Griffels entleert (extreme Proterandrie), Fruchtknoten unterständig, gefächert, 3- bis 5-zählig, Frucht Löcheroder Porenkapsel. Jedes Fach öffnet sich zuerst mit einer einzigen Pore auf dem Karpellrücken, Pore vergrößert sich nach und nach, bis nur noch die Leitbündel der Frucht erhalten bleiben.

Blütenstände monotele oder polytele Thyrsen (*Campanula*), bei *Jasione* und *Phyteuma* traubig gebaute Köpfchen. Diese können denen der nahe verwandten Asteraceae sehr ähnlich sein, sind aber durch die in der geöffneten Blüte freien Antheren und die vielsamigen Kapselfrüchte von den Asteraceae leicht zu unterscheiden.

6.2.20 Ordnung Asterales

Einzige Familie der Ordnung: Asteraceae s.l. (= Compositae, Korbblütler), deren beide Unterfamilien Asteroideae und Cichorioideae oft als eigene Familien (Asteraceae s.str. und Cichoriaceae) angesehen werden.

Asteraceae (Compositae, Korbblütler)
1314 Gattungen, 21 000 Arten, davon einheimisch 73 Gattungen und 491 Arten.
Nutzpflanzen (u.a.): *Lactuca sativa* L. (Kopfsalat), *Cichorium endivia* L. (Endivie), *Helianthus tuberosus* L. (Topinambur), *Helianthus annuus* L. (Sonnenblume), *Scorzonera hispanica* L. (Garten-Schwarzwurzel), *Cynara scolymus* L. (Artischocke), *Arnica montana* L. (Arnika), *Matricaria recutita* L. (= *M. chamomilla* auct., Echte Kamille), *Echinacea purpurea* (L.) Moench (Roter Sonnenhut).
Zierpflanzen: *Aster* (Aster), *Dahlia* (Dahlie), *Chrysanthemum* (Chrysantheme), *Calendula* (Ringelblume) und andere.
Beschreibung: Kräuter und Stauden, seltener (nicht einheimisch) Sträucher oder Bäume. Blätter wechselständig, seltener gegenständig, ohne Stipeln.
Kelch (Abb. 45) 5-zählig, meist in zahlreiche radiale Borsten aufgelöst und bei der Fruchtreife den so genannten **Pappus** (Abb. 46c, d) bildend, an dem die Früchte als Schirmflieger vom Wind ausgebreitet werden („Pusteblumen"), manchmal auch stark reduziert und an der Frucht kaum zu erkennen (z.B. Sonnenblumen„kerne"). Krone 5-zählig,-verwachsen, entweder radiär (Röhrenblüten Abb. 46a, links)

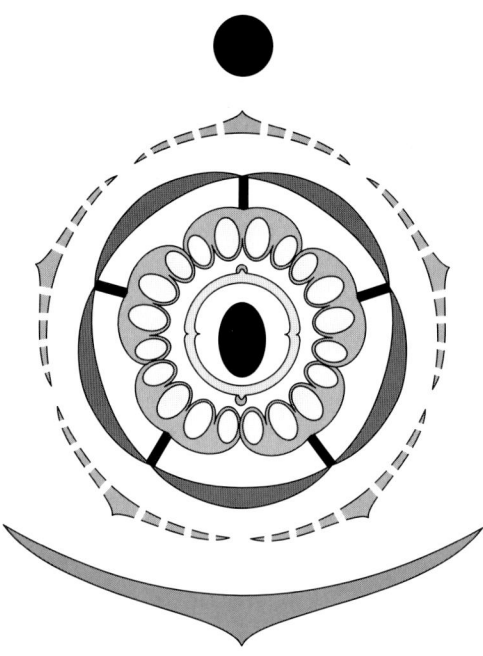

Asteraceae

$$K\ 5\ C(5)\ A5\ G(\overline{2})$$

Abb. 45: Blütendiagramm der Asteraceae.

oder zygomorph (Zungenblüten Abb. 46a, rechts und 46b). Zunge der Zungenblüten entweder aus 3 Kronblättern bestehend und dann 3-spitzig (Asteroideae) oder aus allen 5 Kronblättern aufgebaut und dann 5-spitzig (Cichorioideae). Staubgefäße 5, mit den Theken lateral zu einer Röhre verbunden[46] (Abb. 47; Verzahnung durch Epidermispapillen), Filamente frei. Fruchtknoten 2-blättrig, unilokulär, unterständig, mit einer einzigen basalen, anatropen Samenanlage. Frucht eine unterständige Nuss, die bei den Asteraceae (und manchmal auch bei anderen Familien) Achäne genannt wird.

Die Blüten sind zu Pseudanthien, traubig aufgebauten Köpfchen, zusammengefasst. Bei der Unterfamilie Asteroideae sind die Köpfchen entweder nur aus Röhrenblüten (z. B. *Centaurea*, Flockenblume) oder am Rand aus 3-spitzigen Zungenblüten und im Zentrum aus Röhrenblüten aufgebaut (z. B. *Chrysanthemum*, Margerite).[47] Die Köpfchen der Cichorioideae sind ausschließlich aus 5-spitzigen Zungenblüten aufgebaut. Da die Cichorioideae im Gegensatz zu den Asteroideae in allen Organen Milchsaft enthalten (z. B. *Taraxacum*, Löwenzahn), lassen sich die beiden Unterfamilien auch dann unterscheiden, wenn die Zähne der Zungenblüten so klein sind, dass sie kaum zu sehen sind.

Die Köpfchen sind von einer Hülle aus kelchartigen Hochblättern umgeben, dem Involucrum. Die Schauwirkung des insgesamt als eine Blume wirkenden Köpfchens wird auf unterschiedliche Weise erreicht. Bei den Asteroideae sind meist die Randblüten als Zungenblüten ausgebildet (zugleich rein weiblich oder sogar steril). Gelegentlich werden die strahlenden Randblüten aber auch von vergrößerten, sterilen Röhrenblüten gebildet (*Centaurea*, Kornblume, Flockenblume). Die Schauwirkung kann aber auch von den inneren, petaloid vergrößerten Blättern des Involucrums ausgehen (z. B. *Carlina acaulis* L., Silber- oder Wetterdistel). Innerhalb des Köpfchens sind die Tragblätter der Blüten entweder zu kleinen Schuppen reduziert, die Spreuschuppen genannt werden (bei der Medizinal- und Zierpflanze *Echinacea* überragen sie die Röhrenblüten wie Igelstacheln), oder sie fehlen ganz.[48]

Bei einigen Gruppen geht die Zusammenfassung der Blüten sogar noch weiter. Viele Köpfchen werden dabei zu einem optisch als Einheit wirkenden Gebilde zusammengezogen. Die Köpfchen von *Echinops* (Kugeldistel) sind in dieser Weise aus zahlreichen Köpfchen mit nur jeweils einer einzigen Blüte aufgebaut. Die

---

46 Daher die alte Bezeichnung Synandrae für die Asterales.

47 Köpfchen, die ausschließlich aus 3-spitzigen Zungenblüten aufgebaut sind, kommen nur bei gefüllten Gartenformen vor. Bei gefüllten Asteraceae handelt es sich also nicht wie bei gefüllten Rosen um Blüten, bei denen anstelle von Staubgefäßen Blütenblätter gebildet werden, sondern um Blütenstände, in denen anstelle von Röhrenblüten Zungenblüten gebildet werden.

48 Das ist ein kleines Problem: Eigentlich soll die

Verzweigung ja ausschließlich aus der Achsel von Tragblättern erfolgen, aber hier kann man sie selbst mit dem Rasterelektronenmikroskop in der Ontogenie meist nicht nachweisen. Da die peripheren Blüten immer Tragblätter haben (die inneren Blätter des Involucrums) und sich das Muster ohne Bruch fortsetzt, kann man annehmen, dass die morphogenetischen Felder zwar da sind, dass aber kein sichtbares Blatt mehr gebildet wird. Das ist aber kaum mehr als eine Ausrede zur Rettung eines sonst nützlichen Prinzips.

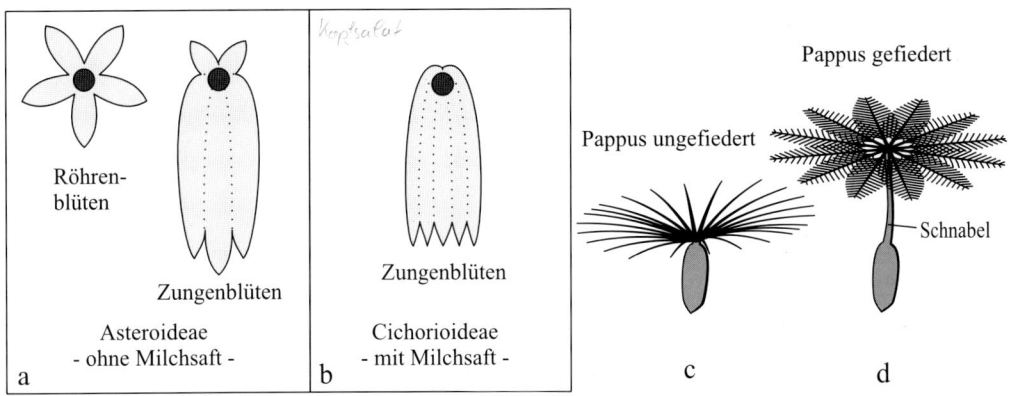

Abb. 46: Blüten und Frucht bei Asteraceae.
a – Bei den Asteroideae kommen entweder 3-zipfelige Zungen- und Röhrenblüten oder nur 5-zählige Röhrenblüten vor; b – die Cichorioideae haben immer nur 5-zipfelige Zungenblüten; c – ungeschnäbelte Frucht mit einfachem Pappus; d – geschnäbelte Frucht mit gefiedertem Pappus; es kommen jedoch alle denkbaren Kombinationen der beiden Fruchtmerkmale vor.

Einzelköpfchen sind dabei nur noch an ihrem vielblättrigen Involucrum als Köpfchen erkennbar. Auch bei der Schafgarbe (*Achillea*) werden zahlreiche, sehr kleine Köpfchen zu einem Köpfchenstand zusammengezogen, den Anfänger immer wieder mit dem Blütenstand von Apiaceae verwechseln. Auch das Edelweiß (*Leontopodium alpinum* Cass.) bildet ein aus zahlreichen Köpfchen aufgebautes Pseudanthium.

Achtung: Den Pseudanthien der Asteraceae ähnliche Köpfchen kommen auch in anderen Familien vor. Mit Asteraceae verwechselt werden besonders *Knautia* und *Scabiosa* (Dipsacaceae), *Jasione* und *Phyteuma* (Campanulaceae) und *Eryngium* (Apiaceae). Alle diese Gattungen haben Staubgefäße, die einzeln (nicht durch papillöse Verzahnung verbunden) die Krone überragen, oder die Antheren sind nur durch die mit den Spitzen zusammenneigenden Kronblätter passiv zusammengehalten (*Phyteuma*). Bei *Jasione* und *Phyteuma* liegen vielsamige Kapselfrüchte und bei *Eryngium* 2-karpellige Spaltfrüchte vor. Wo köpfchenförmige Infloreszenzen bei Fabaceae vorkommen (*Trifolium* u. a.), sind immer mehr als 5 Staubgefäße vorhanden.

Die Ausbreitung der Früchte erfolgt häufig anemochor (Pappus), es kommt aber auch Epizoochorie vor (Achänen mit Borsten, z. B. *Bidens*, Zweizahn). Bei einigen Gattungen werden auch die ganzen Köpfchen durch Involu-

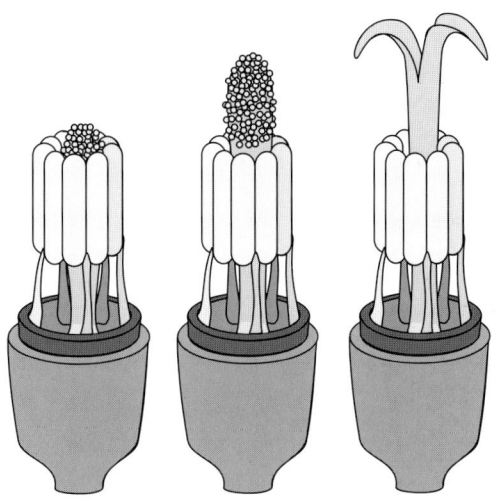

Abb. 47: Bestäubungsbiologie der Asteraceae.
Zur Verdeutlichung sind Kelch und Krone entfernt. Die Staubgefäße sind mit ihren Flanken zu einer Röhre verbunden. Der Pollen wird vor dem Aufblühen in das Innere der Röhre hinein abgegeben, durch den vorwachsenden Griffel wird der Pollen nach oben aus der Röhre hinausgeschoben. Der Griffelkopf hat dazu so genannte Fegehaare und ist damit einer Flaschenbürste nicht unähnlich. Erst später werden die Narbenlappen ausgebreitet, so dass Selbstbestäubung gut verhindert werden kann.

kralblätter mit Widerhaken verschleppt (z. B. *Arctium*, Klette).

Die Asteraceae sind neben den Orchidaceae die artenreichste Blütenpflanzenfamilie der Welt. Allein die Gattung *Hieracium* (Habichtskraut) hat weltweit etwa so viele Arten wie die Flora von Deutschland insgesamt. Chemisch sind die Asteraceae durch Inulin als Reservestoff anstelle von Stärke ausgezeichnet. Außerdem kommen ätherische Öle und Latex (verantwortlich für die auf Textilien sehr haltbaren Flecken des Milchsaftes von Löwenzahn) vor.

Die **nächsten Verwandten** der Asteraceae sind die südamerikanischen Calyceraceae und die Campanulales. Vor allem die Campanulaceae zeigen Merkmalsprogressionen, die auf die Asteraceae hinführen. Dies gilt sowohl für die Blüten- und Infloreszenzmorphologie, als auch für die verschiedenen Mechanismen der Pollenpräsentation sowie den anstelle von Stärke vorkommenden Speicherstoff Inulin.

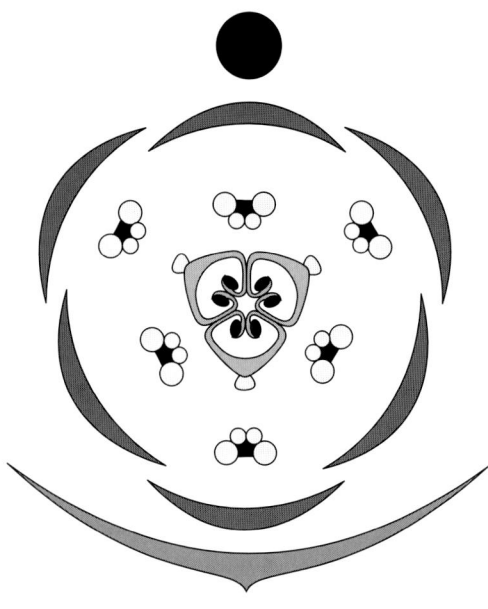

Liliaceae (*Lilium*)

$$\ast \; P3{+}3 \; A3{+}3 \; G(\underline{3})$$

Abb. 48. Blütendiagramm der Liliaceae.

6.3 Monocotyledoneae

6.3.1 Ordnung Liliales s. l.

Liliaceae s. l. (Liliengewächse im weiteren Sinn)

Die Liliaceae s. l. werden in modernen Systemen auf rund 30 Familien in meist 2, seltener 3 Ordnungen verteilt. Für die einheimische Flora würde das bedeuten, dass eine Vielzahl von Familien mit jeweils nur wenigen Arten zu behandeln wären. Aus Gründen der besseren Übersichtlichkeit werden deswegen hier die Liliaceae im alten und weiteren Sinn behandelt, wie dies auch im verwendeten Bestimmungsbuch geschieht. Wegen der Vergleichbarkeit mit weiterführender Literatur wird für die einheimischen Gattungen angegeben, in welche Familie sie in modernen Systemen zumeist gestellt werden.

Nutzpflanzen: *Asparagus officinalis* L. (Spargel), *Allium* (Lauch) mit den Arten *A. cepa* L. (Küchen-Zwiebel), *A. porrum* L. (Porree, Winter-Lauch), *A. schoenoprasum* L. (Schnitt-Lauch), *A. sativum* L. (Knoblauch).

Zierpflanzen: *Lilium* (Lilie), *Tulipa* (Tulpe), *Fritillaria* (Kaiserkrone, Schachblume), *Hyacinthus* (Hyazinthe), *Scilla* (Blaustern), *Muscari* (Traubenhyazinthe), *Convallaria majalis*

L. (Maiglöckchen), *Hemerocallis* (Taglilie), *Hosta* (Funkie, Herzblattlilie) und viele andere.

Giftpflanzen: *Colchicum autumnale* (Herbst-Zeitlose), *Convallaria majalis* L. (Maiglöckchen) und andere.

Beschreibung: Meist Kräuter oder Stauden, häufig mit zum Teil sehr unterschiedlich gebauten Zwiebeln oder Rhizomen. Blätter wechselständig, selten gegenständig, am Stängel zerstreut oder alle grundständig.

Blüten (Abb. 48) radiär, mit 3+3 freien oder verwachsenen, meist auffällig gefärbten Perigonblättern, Staubgefäße 3+3, Fruchtknoten oberständig, 3-karpellig und 3-fächrig mit zentralwinkelständigen Samenanlagen. Frucht eine Kapsel oder seltener eine Beere. Endosperm fleischig oder ölhaltig, ohne Stärke.

Die einheimisch oder verwildert vorkommenden Gattungen der Liliaceae s. l. werden in modernen Systemen auf wenigstens zwei Ordnungen verteilt:

Liliales: mit Petalennektarien und ohne Phytomelan in der Samenschale. Liliaceae s. str.: *Lilium*, *Tulipa*, *Fritillaria* (Kaiserkrone,

Schachblume), *Gagea* (Gelbstern), *Lloydia* (Faltenlilie). Melanthiaceae: *Tofieldia* (Simsenlilie), *Veratrum* (Germer), *Nartecium* (Beinbrech). Colchicaceae: *Colchicum autumnale* L. (Herbst-Zeitlose, mit Sprossknolle, blüht im Herbst, fruchtet und entfaltet die Blätter im nächsten Frühjahr, enthält Colchicin).

Asparagales: mit Septalnektarien[49] und phytomelanhaltigen, schwarzen Samenschalen. Hyacinthaceae: *Hyacinthus* (Hyazinthe), *Hyacinthoides* (Hasenglöckchen), *Muscari* (Traubenhyazinthe), *Scilla* (Blaustern, Szilla), *Ornithogalum* (Milchstern). Alliaceae: *Allium* (Zwiebel). Asparagaceae: *Asparagus* (Spargel). Antericaceae: *Anthericum* (Graslilie). Convallariaceae: *Convallaria* (Maiglöckchen), *Polygonatum* (Salomonssiegel), *Maianthemum* (Schattenblümchen). Hemerocallidaceae: *Hemerocallis* (Taglilie). Uvulariaceae: *Streptopus* (Knotenfuß).

Iridaceae (Schwertliliengewächse)

92 Gattungen, 1800 Arten, davon einheimisch 4 Gattungen und 16 Arten.

Zierpflanzen: *Gladiolus* (Gladiole), *Crocus* (Krokus), *Iris* (Schwertlilie).

Beschreibung: Meist mehrjährige Stauden, seltener (und nicht bei einheimischen Arten!) einjährige Kräuter oder von strauchartigem Wuchs. Blätter oft schwertförmig, reitend (*Iris*, *Gladiolus*) oder flach und bisweilen grasartig (*Crocus*).

Blüten (Abb. 49) radiär oder median zygomorph, äußerer und innerer Perianthwirtel oft verschieden gestaltet, aber beide petaloid, deswegen im Allgemeinen als Perigon bezeichnet. Staubgefäße nur 3, mit dem inneren Perigonkreis alternierend, extrors. Ein zweiter Kreis Staubgefäße fehlt, der 3-karpellige, unterständige Fruchtknoten steht so, als wäre nach der Alternanzregel ein zweiter Staubblattkreis vorhanden.

Bei *Iris* (Abb. 50) hängen die Tepalen des äußeren Kreises herab (Hängeblätter), die des inneren Kreises stehen aufrecht und neigen kuppelartig zusammen (Domblätter). Über den Tepalen des inneren Kreises stehen die kronblattartigen Griffel, die unter der 2-spaltigen Spitze eine große, quer orientierte Narbe tragen. Die 3 Staubgefäße werden durch die peta-

Iridaceae
$$P3+3 \quad A3 \quad G(\overline{3})$$

Abb. 49: Blütendiagramm der Iridaceae.

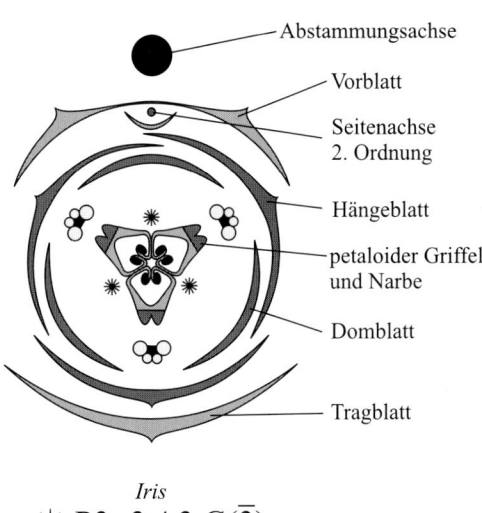

— Abstammungsachse
— Vorblatt
— Seitenachse 2. Ordnung
— Hängeblatt
— petaloider Griffel und Narbe
— Domblatt
— Tragblatt

Iris
$$\ast \; P3+3 \; A3 \; G(\overline{3})$$

Abb. 50: Diagramm und Bezeichnungen für die Blüte von *Iris*.

---

49 Septalnektarien sind Nektarien, welche in die Scheidewände des Gynoeceums eingesenkt sind.

loiden Griffel verborgen. Auf diese Weise entstehen 3 funktionell selbstständige blütenbiologische Einheiten (Meranthien), und eine Blüte besteht hier aus 3 Lippenblumen. Blütenstände meist Thyrsen. Wegen der Fortsetzung aus der Achsel des adossierten Vorblattes sind die Cymen typischerweise Fächel.

Crocus und *Gladiolus* haben keine Zwiebeln, sondern bilden jedes Jahr einen kugeligen Rhizomabschnitt, der durch einige trockene, papierartige oder faserige Blattreste geschützt wird, so genannte tunikate Knollen! Der mediterrane Ursprung der beiden Gattungen ist unter anderem daran erkennbar, dass beide im Herbst mit Einsetzen der kalten und feuchten Jahreszeit mit der Ausbildung der Wurzeln für die kommende Vegetationsperiode beginnen. Das wäre in mediterranem Klima mit der Hauptvegetationszeit im Winter und einer ausgeprägten Trockenruhe im Sommer der richtige Zeitpunkt. Kühl gelagerte Krokusknollen treiben daher im Gegensatz zu kühl gelagerten Kartoffeln im Herbst rasch aus.

6.3.2 Ordnung Asparagales

Amaryllidaceae (Narzissengewächse)
85 Gattungen mit 1200 Arten, davon einheimisch 3 Gattungen und 6 Arten.
Zierpflanzen: *Galanthus nivalis* L. (Schneeglöckchen), *Leucojum vernum* L. (Märzenbecher, Knotenblume), *Narcissus* (Narzisse), *Hymenocallis* (Schönhäutchen).
Zimmerpflanzen: *Hippeastrum* (Ritterstern, Amaryllis), *Haemanthus* (Blutblume, Elefantenohr).
Beschreibung: Zwiebelpflanzen mit kleinen bis sehr großen und mehrere kg schweren Zwiebeln (*Crinum, Hippeastrum procerum* [Duchartre] Lem.).

Das Blütendiagramm (Abb. 51) entspricht bezüglich der Zahlen dem der Liliaceae. Der Fruchtknoten ist jedoch im Gegensatz zu den Liliaceae unterständig. Die Tepalen sind fast frei oder deutlich verwachsen und tragen vielfach eine so genannte Nebenkrone (Paracorolle), die Staubgefäße und Narben umgibt (z. B. *Narcissus*) oder von den Filamentbasen selbst gebildet wird (*Hymenocallis, Eucharis*). Die Nebenkrone hat keinen Organcharakter, was am einfachsten daran erkennbar ist, dass das Blütendiagramm nach der Alternanz- und

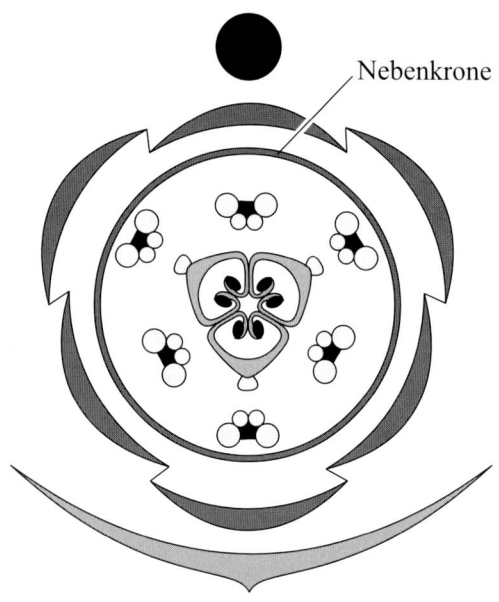

Amaryllidaceae (*Narcissus*)

$$* \; [P(3+3) \; A3+3] \; G(\overline{3})$$

Abb. 51: Blütendiagramm der Amaryllidaceae.

Äquidistanzregel „aufgeht", wenn man die Nebenkrone unberücksichtigt lässt. Bei den Amaryllidaceae bleiben Krone und Androeceum nach der Blüte eingetrocknet hängen, während die Krone bei den Liliaceae s. str. ebenso wie die Staubgefäße abfallen. Die Frucht ist eine dorsizide Kapsel.

Der Blütenstand ist ein aus 1 bis vielen Schraubeln (helikoiden Cymen) aufgebauter, doldenartiger Thyrsus am Ende eines langen, schaftartigen Internodiums. Die Tragblätter der einzelnen Cymen bilden eine Hochblatthülle aus 1 bis vielen (meist 2) Blättern um den Blütenstand.

6.3.3 Ordnung Orchidales

Neben den Orchidaceae nur eine kleine, vorwiegend tropische Familie: die Burmanniaceae.

Orchidaceae (Orchideen)
Die Familie der Orchidaceae besteht aus drei Unterfamilien (Abb. 52), die wegen wesentlicher Unterschiede getrennt behandelt werden

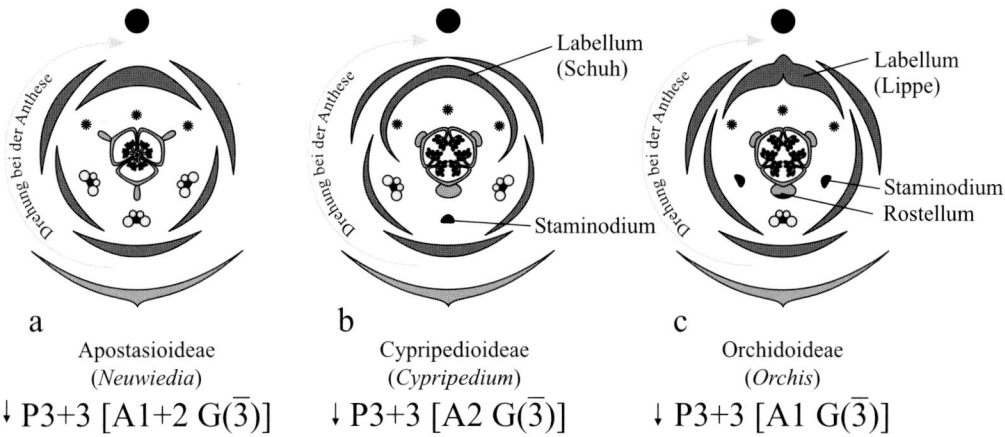

a Apostasioideae (*Neuwiedia*)
b Cypripedioideae (*Cypripedium*)
c Orchidoideae (*Orchis*)

$\downarrow$ P3+3 [A1+2 G($\overline{3}$)]
$\downarrow$ P3+3 [A2 G($\overline{3}$)]
$\downarrow$ P3+3 [A1 G($\overline{3}$)]

Abb. 52: Blütendiagramm der Orchidaceae.
Die eingezeichnete Drehung (Resupination) fehlt bei den Apostasioideae der Gattung *Apostasia*, und sie fehlt auch bei einigen Gattungen der Orchidoideae, z. B. *Epidendrum* und *Nigritella*.

müssen. Die Apostasioideae haben nur 2 paläotropische Gattungen mit zusammen 16 Arten. Die Cypripedioideae haben 4 Gattungen mit zusammen 115 Arten, die ebenfalls vorwiegend in den Tropen der Alten Welt vorkommen. Die einzige einheimische Art der Unterfamilie ist *Cypripedium calceolus* L. (Frauenschuh). Die dritte Unterfamilie (Orchidoideae) umfasst mit etwa 780 Gattungen und rund 18 000 Arten den Großteil der Familie. Davon sind 26 Gattungen mit zusammen 76 Arten einheimisch. Alle Orchidaceae sind **geschützt** und fallen unter die besonderen Schutzbestimmungen des Anhangs A1 des Washingtoner Artenschutzabkommens!

Nutzpflanzen: *Vanilla planifolia* Andr. (Vanille); heute unbedeutend, da das Vanillin naturidentisch synthetisch hergestellt werden kann.

Beschreibung: Mehrjährige Kräuter und Stauden, einheimisch nur terrestrische Formen, in den Tropen und Subtropen jedoch unterschiedlichste Wuchs- und Lebensformen, vor allem zahlreiche Epiphyten. Epiphyten oft mit grünen, assimilierenden Wurzeln, einige Arten sogar blattlos und ausschließlich mit den Wurzeln assimilierend. In der Jugendentwicklung immer von Pilzsymbiosen abhängig (dadurch wird das völlige Fehlen von Nährgewebe in den winzigen Samen kompensiert), viele Arten auch später noch mit Endomykorrhiza, manche sogar fast gänzlich chlorophylllos und deswegen saprophytisch in Pilzsymbiose lebend (z. B. *Neottia nidus-avis* [L.] Rich., Nestwurz).

Die Blüten führen beim Aufblühen bei fast allen Gattungen eine Drehung um 180° durch, so dass sie im Vergleich zu den Diagrammen auf dem Kopf stehen. Die Drehung erfolgt im Bereich des unterständigen Fruchtknotens und kann an dessen Kanten leicht erkannt werden.

Die Orchidaceae weisen ein breites Spektrum hoch spezialisierter Bestäubungsmechanismen auf. Einheimisch kommen die Kesselfallenblumen der Gattung *Cypripedium* und die Sexualtäuschblumen der Gattung *Ophrys* vor, bei denen paarungsbereiten männlichen Hymenopteren paarungsbereite Weibchen vorgetäuscht werden.

Die **Apostasioideae** weisen ein 2-kreisiges Perigon aus 2 × 3 Tepalen auf, von denen das mediane des inneren Kreises (im Diagramm hinten, an der aufgeblühten Blüte durch Drehung vorne) lippenartig vergrößert ist. Das Androeceum ist stark zygomorph, vom äußeren Kreis ist nur das median vordere Staubgefäß vorhanden, vom inneren Kreis die beiden vorderen. Die Staubgefäße sind mit ihren Filamenten mit dem Griffel verwachsen. Der 3-karpellige Fruchtknoten hat eine zentralwinkelständige Plazentation.

Die **Cypripedioideae** zeigen alle die typische Frauenschuhgestalt, bei der das mediane Tepalum des inneren Kreises zu einem schuhförmigen bis ballonartigen Gebilde umgewandelt ist. Die beiden lateralen Tepalen des inneren Kreises stehen nach der Seite weg, das mediane des äußeren Keises steht ähnlich der

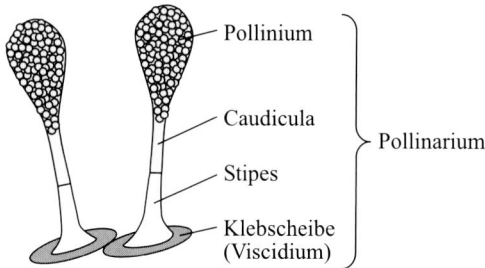

Abb. 53: Pollinarium bei Orchidaceae.
Das Pollinium besteht aus dem gesamten Pollen einer Theke. Die Caudicula wird auf unterschiedliche Weise in der Anthere gebildet, der Stipes ist eine Gewebeschicht von der Oberfläche des Gynostemiums (fehlt bei vielen Arten), das Viscidium wird vom Rostellum, einem Teil der Narbe des medianen Karpells, gebildet. Die gesamte übertragene Einheit heißt Pollinarium.

Fahne der Fabaceae über dem Schuh, so dass der Schauapparat im Wesentlichen aus 4 ein Kreuz bildenden Tepalen besteht. Die beiden übrigen Tepalen des äußeren Kreises sind miteinander verwachsen und hängen im aufgeblühten Zustand unter dem Schuh. Sie hüllen die Blüte in der Knospe ein. Das Androeceum besteht aus nur 2 Staubgefäßen des inneren Kreises, das mediane Staubgefäß des äußeren Kreises ist zu einem Staminodium umgewandelt. Auch hier sind die Filamente mit dem Griffel zu einer Geschlechtssäule (Gynostemium) verwachsen. Der 3-karpellige Fruchtknoten hat eine parietale Plazentation. Er bildet eine Spaltkapsel und entlässt so die winzigen, nährstofflosen Samen.

Die Cypripedioideae sind typische Kesselfallenblumen. Kleine anfliegende Insekten fallen in den Schuh hinein und können diesen nur über Seitenausgänge hinter der Geschlechtssäule wieder verlassen, wobei sie mit den über den Ausgängen stehenden Antheren in Berührung kommen.

Bei den **Orchidoideae** ist die Ausgestaltung der Krone am variabelsten. Alle einheimischen Arten weisen eine vom median inneren Tepalum gebildete auffällige Lippe (Labellum) auf. Das Labellum ist vielfach mit einem mitunter sehr langen Nektarsporn ausgestattet. Nur das vor dem parakarpen Fruchtknoten stehende, median äußere Stamen ist vorhanden und immer in mehr oder weniger unübersichtlicher Weise mit dem Griffel des 3-karpelligen

Fruchtknotens zu einem Gynostemium verwachsen. Die beiden seitlichen Staubgefäße des inneren Kreises sind vielfach rudimentär als Staminodien vorhanden.

Der Pollen der Orchidaceae ist immer stark klebrig. Bei den Orchidoideae bleibt meist der Inhalt eines ganzen Pollensackes als Pollinium (Abb. 53) zusammenhaften. Von einem Teil der Narbe des medianen Karpells, dem so genannten Rostellum, wird eine Klebscheibe (Viscidium) gebildet. Die Pollinien sind entweder direkt oder mit einem auf unterschiedliche Weise gebildeten Stielchen (Caudicula) mit der Klebscheibe verbunden. Zwischen Klebscheibe und Caudicula kann noch ein von Griffelgewebe gebildeter und quasi von der Griffelsäule „abgeschälter" zellulärer Stiel, der so genannte Stipes eingeschaltet sein. Mit der Klebscheibe wird dem bestäubenden Insekt der Inhalt von einer oder beiden Theken als Einheit angeklebt und insgesamt von diesem übertragen. Auf diese Weise ist sichergestellt, dass die riesige Zahl winziger Samenanlagen effektiv bestäubt werden kann. Die Einheit aus Pollinium, Stiel und Klebscheibe wird Pollinarium genannt. Pollinarien sind so vielgestaltig, dass allein nach ihnen vielfach Gattungen und Arten bestimmt werden können. Sie werden daher für Orchideen-Herbarien vielfach einzeln wie kleine Insekten aufgeklebt und aufbewahrt. Die Samen sind staubfein (eine Kapsel kann mehrere Zigtausend Samen enthalten!) und häufig durch Hautränder an die Ausbreitung durch Wind angepasst.

6.3.4 Ordnung Juncales

Neben der kleinen neotropischen Familie Thurniaceae nur eine Familie: die Juncaceae.

Juncaceae (Binsengewächse)
10 Gattungen, 325 Arten, davon einheimisch 2 Gattungen und 50 Arten.
Beschreibung: Grasähnliche Kräuter, Stängel ohne deutliche Knoten. Blätter 3-zeilig, binsenartig (d. h. stängelähnlich, Abb. 55e), kahl und markig (*Juncus*) oder flach, ohne Mark und zumindest am Rand lang bewimpert (*Luzula*).

Blüten (Abb. 54) 3-zählig mit 5 Wirteln (P3+3 A3+3 G($\underline{3}$), selten nur mit 4 Wirteln und dann der innere Kreis von Staubgefäßen fehlend. Blütenhülle in Anpassung an Windbestäubung unscheinbar spelzenartig, bräunlich oder

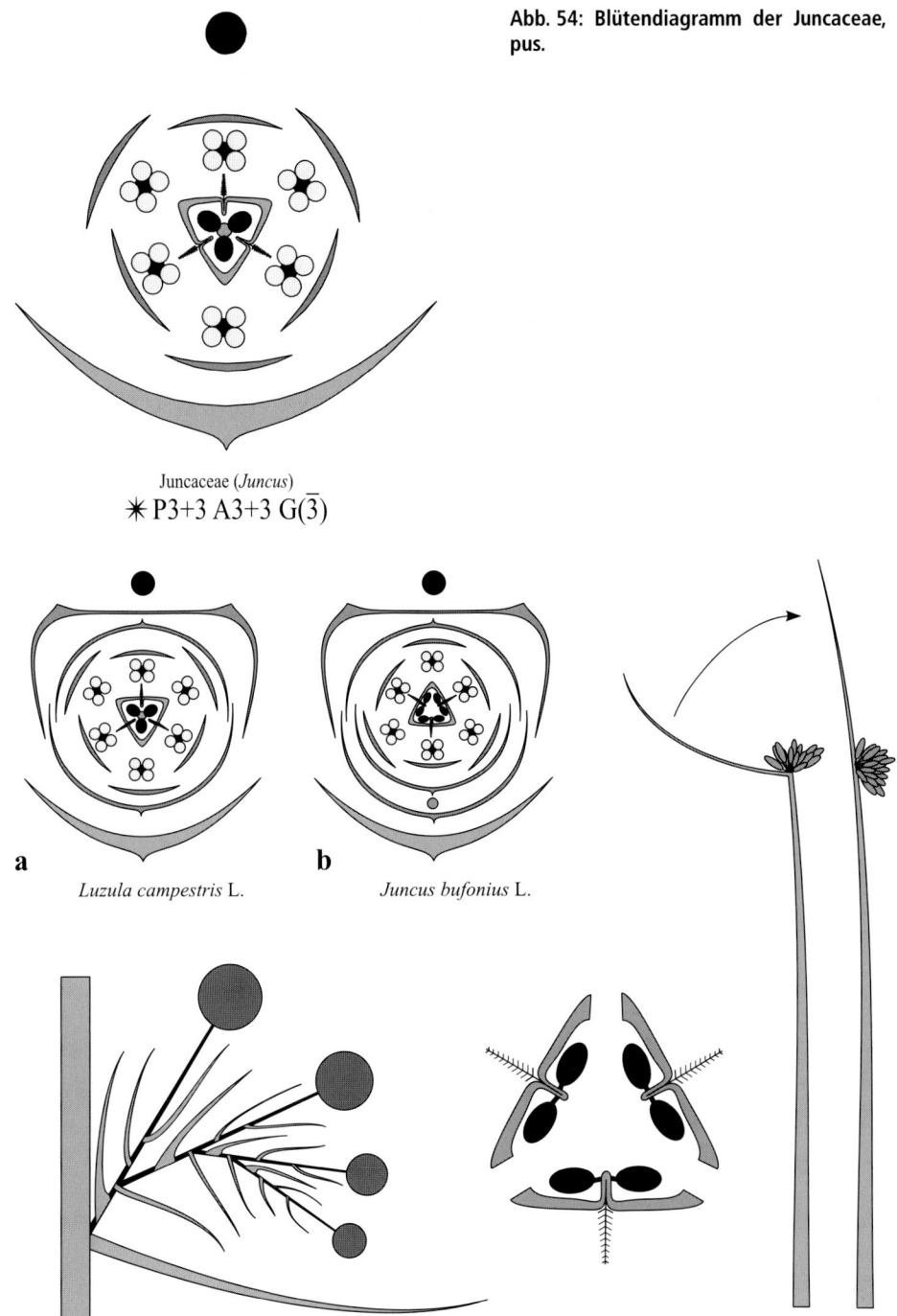

Abb. 54: Blütendiagramm der Juncaceae, Grundtypus.

Juncaceae (*Juncus*)

$\ast$ P3+3 A3+3 G($\bar{3}$)

a

Luzula campestris L.

b

Juncus bufonius L.

c

d

e

Abb. 55: Juncaceae. a, b – je nach Anzahl der Blätter vor der Blüte kann das mediane Karpell und das mediane äußere Tepalum nach vorne (a) oder nach hinten (b) zu liegen kommen; c – der Teilblütenstand ist häufig eine Sichel; d – die Frucht öffnet sich an den Rückennähten der Karpelle; e – Zustandekommen scheinbar seitenständiger Infloreszenzen.

grünlich, nicht abfallend und deswegen an der reifen Frucht noch vorhanden. Antheren das Perigon bei der Anthese deutlich überragend. Griffel 1, mit 3 langen Narben kommissural zu den Karpellen. Gynoeceum mit parietaler oder (vor allem bei wenigsamigen Früchten) basaler bis zentraler Plazentation. Frucht eine dorsizide Kapsel, das heißt Öffnung entlang der Karpellmitte (Abb. 55d).

Die Blüten stehen in rispenartigen oder knäueligen, kompliziert aufgebauten Blütenständen. Sie können direkt in der Achsel des Tragblattes inseriert sein. Das mediane Kronblatt des äußeren Kreises liegt dann nach vorne. Meist finden sich jedoch außer einem fast stängelumfassenden Vorblatt noch 1 oder mehrere Laubblätter vor der die Seitenachse abschließenden Blüte (Abb. 55a, b). Diese Blätter stehen meist 2-zeilig median angeordnet. Die Verzweigung erfolgt aus dem auf das Vorblatt folgenden Blatt (Abb. 55b), so dass als Teilblütenstand eine so genannte Sichel (Drepanium) entsteht (Abb. 55c). Bei manchen *Juncus*-Arten scheint die Infloreszenz seitlich an einem blattlosen Stängel zu stehen. Dies würde aber der Regel widersprechen, dass eine Verzweigung grundsätzlich aus der Achsel eines Tragblattes erfolgt. Eine genaue Analyse zeigt, dass der Spross dort endet, wo der Blütenstand steht. Die distale Fortsetzung ist ein in die Fortsetzung des Sprosses aufgestelltes Blatt (Abb. 55e).

Die Juncaceae sind vermutlich eng mit den Cyperaceae verwandt, mit denen sie eine Reihe von Merkmalen verbindet. Hierzu gehören der in Tetraden ausgebreitete Pollen, atrope (orthotrope) Samenanlagen sowie das stärkehaltige Endosperm, das den Embryo ganz einschließt.

6.3.5 Ordnung Cyperales

Einzige Familie der Ordnung: Cyperaceae.

Cyperaceae (Ried- oder Sauergräser)
115 Gattungen, 3600 Arten, davon einheimisch 16 Gattungen und 164 Arten.
Nutzpflanzen (unbedeutend): *Cyperus papyrus* L. (Papyrus), wurde nach dem im alten Ägypten aus seinem Mark hergestellten „Papier" benannt; *Cyperus esculentus* L. (Erdmandel, Nussgras; essbare, kugelige, stärkespeichernde Rhizomstücke).
Beschreibung: Grasartige, fast ausschließlich

mehrjährige Pflanzen. Blätter wechselständig, in mehr oder weniger deutlich 3-zeiliger Anordnung, die markige Sprossachse deswegen im Querschnitt (mitunter scharf) 3-kantig. Blätter am Grund mit einer geschlossenen Blattscheide, Stängel am Blattansatz nie knotig verdickt.

Blüten im ursprünglichsten Fall zwittrig und im Diagramm den Juncaceae entsprechend[50] (z. B. *Scirpus*). Die Blütenhülle ist jedoch hier schon auf Borsten reduziert. Bei *Eriophorum* (Wollgras) anstelle der Borsten viele Haare, bei der artenreichsten Gattung *Carex* fehlt die Blütenhülle vollständig. Staubgefäße 3, wie bei manchen Juncaceae den äußeren Staubgefäßwirtel einer pentazyklischen Blüte repräsentierend. Ungewöhnliche Pollenbildung: Tetradenbildung wie bei Juncaceae, im Gegensatz zu diesen degenerieren jedoch 3, so dass die Tetrade aus 1 großen, funktionsfähigen Pollenkorn und 3 winzigen, sterilen Körnern besteht (Kryptotetrade oder Pseudomonade). Gynoeceum synkarp, unilokulär, aus 3 Karpellen, mit einer einzigen, basal (zentral) stehenden Samenanlage. Frucht eine Nuss.

Blütenstände oft hochkompliziert, aus einzelnen Ähren in rispenartiger, kopfiger oder anderer Anordnung zusammengesetzt. Die auf den ersten Blick wie Ähren aussehenden Teilblütenstände sind bei manchen Arten bereits komplexe Doppelähren. Bei *Carex* (Abb. 56) sind die in der Bestimmungsliteratur als Ährchen bezeichneten männlichen Teilblütenstände tatsächlich Ähren. Bei den weiblichen „Ährchen" handelt es sich jedoch bereits um Doppelähren. Dabei steht in der Achsel eines Tragblattes ein Seitenspross, dessen adossiert stehendes, 2-kieliges Vorblatt ein geschlossenes, blasenförmiges Organ, den Utriculus oder Schlauch bildet. Erst in der Achsel des Utriculus findet sich die völlig nackte weibliche Blüte und nicht selten ein Rudiment der Seitenachse, an der die weibliche Blüte steht. Die schlanke Spitze des Utriculus wird Schnabel genannt, sie

---

50 Bei den Cyperaceae sollen die Narben im Gegensatz zu den Juncaceae karinal und nicht kommissural stehen. Wegen der basal-zentralen Anordnung wäre dies jedoch nur durch eine ontogenetische Studie zu belegen, die meines Wissens bisher nicht vorliegt. Es ist daher möglich, dass die Stellung der Karpelle aus der Stellung der Narben unter Zugrundelegung einer karinalen Stellung ermittelt wurde, und dass man im Grunde hierzu nichts weiß.

kann mehr oder weniger stark in 2 Schnabel-zähne aufgespalten sein.

Nach der Geschlechterverteilung und Zahl der „Ährchen" pro Stängel kann man die Gattung *Carex* in 3 morphologische Gruppen einteilen:

1. Verschiedenährige (heterostachysche) Seggen mit 1 bis mehreren männlichen Ähren an einem Stängel und darunter mehreren weiblichen „Ährchen" (Doppelähren).
2. Gleichährige (homostachysche) Seggen mit mehreren, männliche und weibliche Blüten enthaltenden „Ährchen" am Stängel.
3. Einährige (monostachysche) Seggen mit nur 1, terminal am Stängel stehenden „Ährchen", das bei monözischen Arten männliche und weibliche Blüten und bei diözischen Arten entweder nur weibliche oder nur männliche Blüten enthält.

Alle einheimischen Cyperaceae sind windblütig, es gibt jedoch einige Arten, die offenbar sekundär wieder zur Zoophilie übergegangen sind und von Fliegen und kleinen Käfern bestäubt werden.

6.3.6 Ordnung Poales

Einzige Familie der Ordnung: Poaceae.

Poaceae (= Gramineae, Süßgräser)
Etwa 750 Gattungen und 10 000 Arten, davon einheimisch 65 Gattungen und 266 Arten.

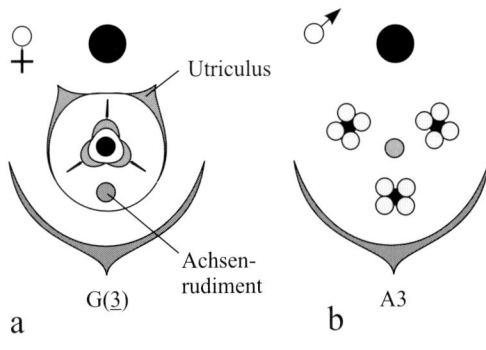

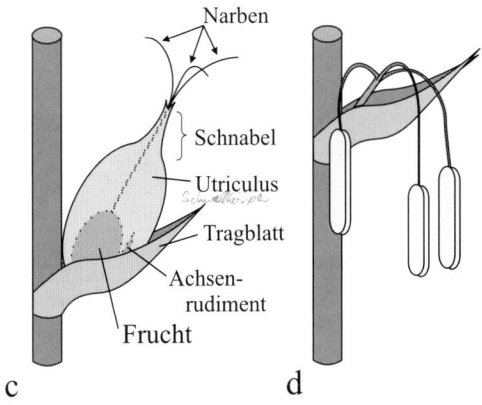

Cyperaceae (*Carex*)

Abb. 56: Blüte und Frucht bei Cyperaceae.
a, c – die weibliche Blüte beendet eine Seitenachse 2. Ordnung der „Ährchenachse", das Vorblatt der Seitenachse 1. Ordnung bildet den geschlossenen Schlauch (Utriculus) und ist zugleich Tragblatt der weiblichen Blüte, das Rudiment der Seitenachse 1. Ordnung liegt median vor der weiblichen Blüte; in c ist die von außen sonst nicht sichtbare Frucht sowie der proximale Teil der Narben durchscheinend gezeichnet; b, d – die männliche Blüte von *Carex* steht direkt in der Achsel des Tragblattes.

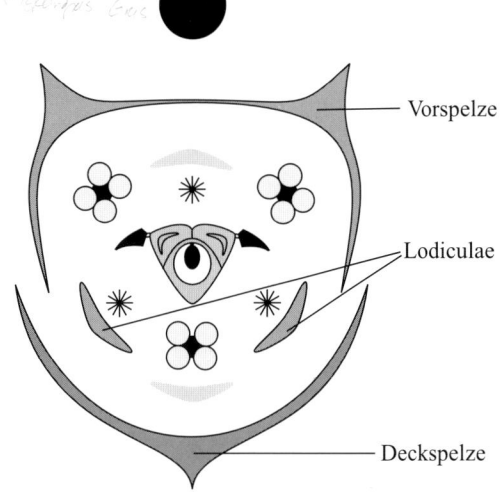

Poaceae (*Poa*)

$$P(2)+2\ A3\ G(\underline{3})$$

Abb. 57: Theoretisches Blütendiagramm der Poaceae (*Poa*) nach Eichler 1875 und Kircher 1986.
Vom ursprünglich aus zwei trimeren Kreisen bestehenden Perianth sind noch die Lodiculae und die Vorspelze nachweisbar. Bei Reis und vielen Bambusarten sind nicht selten beide Staubgefäßwirtel ausgebildet.

Nutzpflanzen (einheimischer Anbau): *Triticum aestivum* L. (Saat-Weizen), *Triticum durum* Desf. (Hart-Weizen; Achtung Buchweizen, *Fagopyrum esculentum* Moench, ist eine zu den Knöterichgewächsen gehörende Dikotyledone und kein Gras!); *Secale cereale* L. (Roggen); *Hordeum vulgare* (Sechszeilige oder Futter-Gerste); *Hordeum distichon* L. (Zweizeilige oder Brau-Gerste); *Avena sativa* L. (Hafer); *Zea mays* L. (Mais). Weizen, Gerste und Roggen gibt es als Wintergetreide (Aussaat im Herbst, Ernte im darauffolgenden Spätsommer) und Sommergetreide (Aussaat im Frühjahr, Ernte im Herbst desselben Jahres), Hafer und Mais nur als Sommergetreide. Es werden auch Hybriden aus *Triticum* und *Secale* angebaut (im Handel unter der Bezeichnung „Triticale", nomenklatorisch korrekt „Triticosecale"), die wie

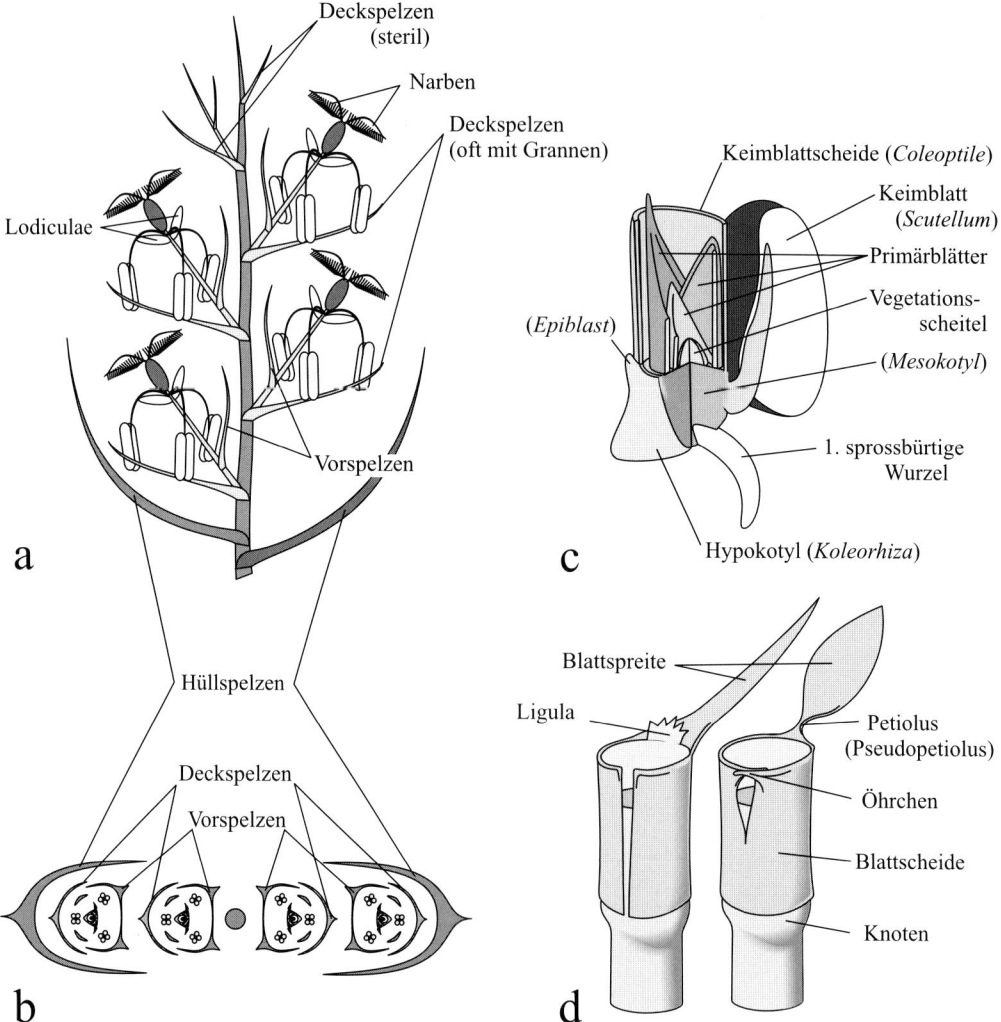

Abb. 58: Poaceae.
a – Grasährchen im Aufriss, Internodien stark verlängert gezeichnet; b – Diagramm zu a; c – Graskeimling, in Klammern und kursiv die für die Gräser geprägten und eigentlich überflüssigen Sonderbegriffe; d – Blattansatz: links mit offener Scheide und Ligula, rechts mit geschlossener Scheide, Öhrchen und einem in einen stielartigen Abschnitt verjüngten Ansatz des Spreitenteils.

ein begrannter Weizen aussehen und deswegen auch „Bartweizen" genannt werden.[51]

Nutzpflanzen (Anbau im Ausland): Unter der Bezeichnung Hirse werden Arten aus unterschiedlichen Gattungen vor allem in tropischen und subtropischen Gegenden angebaut, zum Beispiel *Setaria italica* (L.) Beauv. (Kolbenhirse, bei uns heute vorwiegend als Vogelfutter), *Echinochloa* spp. (Hühnerhirse), *Pennisetum americanum* (L.) Leeke (Perlhirse, Borstenhirse), *Sorghum* spp. (Mohrenhirse und andere, aus den ausgedroschenen Infloreszenzen werden die gelben Sorgho-Besen hergestellt). Weltweit wichtigstes Getreide ist *Oryza sativa* L. (Reis), mit diesem eng verwandt *Zizania aquatica* L. (Wildreis, Indianerreis). Wichtigster Zuckerlieferant ist *Saccharum officinarum* L. (Zuckerrohr). Außer zur Erzeugung von Nahrungsmitteln spielen die Poaceae eine entscheidende Rolle als Futterpflanzen in der Tierproduktion, die Vertreter der Unterfamilie Bambusoideae (Bambus) liefern Baumaterialien für unterschiedliche Zwecke. Die im Zierpflanzenbau verwendeten Tonkin- oder Split-Stäbe zum Anstäben von Pflanzen sind gespaltene Bambus-Sprosse.

Die Poaceae sind weltweit die bedeutendste Nutzpflanzenfamilie überhaupt! Neben den genannten Arten und Verwendungszwecken gibt es noch unzählige andere, auf die hier nicht näher eingegangen wird.

Beschreibung: Kräuter und Stauden, seltener (nicht bei einheimischen Arten; z. B. Bambus) baumartige Pflanzen. Stängel meist stielrund, seltener flach und nie 3-kantig, am Blattansatz in einen deutlichen Knoten verdickt, Internodien fast immer hohl (wichtigste Ausnahme in unserem Gebiet ist der Mais). Blätter wechselständig, in 2-zeiliger (distischer) Anordnung, mit einer meist offenen, seltener geschlossenen Blattscheide und häufig einer Ligula (Blatthäutchen) am Übergang von anliegender Blattscheide zu abstehender Blattspreite (Abb. 58d).

Alle Gräser sind windblütig. Im Zusammenhang damit ist das ursprüngliche pentazyklische, trimere Blütendiagramm stark abgewandelt und vereinfacht worden. Die Blüten sind immer achselständig. Das Trag- oder Deckblatt wird Deckspelze genannt. An der Seitenachse geht der Blüte eine meist 2-kielige „Vorspelze" voraus. Der Vergleich mit Bambusoideae und Restionaceae zeigt, dass die Vorspelze das Verwachsungsprodukt der beiden äußeren seitlichen Tepalen ist (und nicht etwa ein adossiertes Vorblatt), das mediane (vordere) fehlt völlig (in Abb. 57 hellgrau angedeutet), vom inneren sind die beiden vorderen Tepalen als Lodiculae (Schwellkörper) ausgebildet, das median hintere fehlt ebenfalls. Die 3 Staubgefäße sind die des äußeren Kreises, der innere fehlt bei allen einheimischen Arten vollständig. Der 1-fächrige, oberständige Fruchtknoten enthält eine einzige Samenanlage, die sich zu einer **Karyopse** genannten Nussfrucht entwickelt. Da der Fruchtknoten 2 Narben aufweist (nur bei *Streptochaeta* 1 Griffel mit 3 Narben), kann man annehmen, dass er aus mehreren Karpellen aufgebaut ist (pseudomonomeres Gynoeceum). Das hier gegebene Schema unterstellt, dass das fertile Fruchtfach von einem einzigen Karpell gebildet ist, das in der Regel keine Narbe ausbildet. Die beiden sterilen Karpelle sind dagegen kollabiert dem fertilen Karpell angedrückt und weisen seitlich abstehende federige Narben auf.[52] Die dünne Samenschale haftet fest an der Fruchtwand. Deck- und Vorspelze bleiben nach dem Zerbrechen der Ährchenachse meist um die Karyopse geschlossen und können ausbreitungsbiologische Funktionen übernehmen (z.B. Ausbildung von Stacheln oder Dornen bei Klettfrüchten, federige Grannen als Flugorgan beim Federgras, *Stipa*). Wichtige Züchtungsziele waren bei Kulturgetreiden deswegen neben einer Verbesserung des Ertrages auch das Verhindern des Zerfalls der Ährchen vor der Ernte und eine leichte Trennbarkeit von Frucht und Spelzen.

---

51 Unsere Getreidearten sind alle sehr alte Kulturformen. Ausgangsarten und Züchtungsweg sind meist nur unvollständig bekannt. Nomenklatorisch werden die Getreidearten trotzdem behandelt wie Wildarten.

52 Die hier gegebene Interpretation der Grasfrucht weicht von der meist wiedergegebenen Interpretation EICHLER'S ab, nach dessen Auffassung alle 3 Karpelle gleichermaßen an der Bildung des Lokulamentes beteiligt sind. Die hier wiedergegebene Auffassung basiert auf KIRCHER (1986). Sie erklärt besser, warum nur auf der hinteren Seite der Frucht eine Einkerbung zu sehen ist, und wird darüber hinaus durch Vergleiche mit den Restionaceae gestützt, die als nächste Verwandte der Gräser angesehen werden und für die diese Verhältnisse tatsächlich nachgewiesen sind. Einen vergleichbaren Aufbau der Frucht kann man bei der Kokosnuss (Arecaceae) finden, bei der man die sterilen Fruchtfächer als schwärzliche Linien erkennen kann, wenn man den Steinkern quer durchsägt.

Die Grundeinheit der Blütenstände der Poaceae ist das „Ährchen" (engl. spikelet; Abb. 58a, b). Alle Blätter innerhalb des Ährchens werden „Spelzen" genannt, da sie sehr klein und nicht auffallend gefärbt sind. Das Grasährchen ist morphologisch eine einfache Traube, der 2 Hüllspelzen genannte Hüllblätter (seltener nur 1 oder mehr als 2) vorausgehen. Die einzelnen Blüten stehen in der Achsel von Trag- oder Deckblättern, die hier Deckspelzen heißen. Die Deckspelzen tragen oft als einzige Spelzen Grannen. Die Anzahl der Blüten pro Ährchen kann dann meist durch Abzählen der Grannen ermittelt werden. Der Blüte geht ein adossiert stehendes Blatt, die aus 2 verwachsenen Perianthblättern bestehende Vorspelze voraus. Das Ährchen kann mit sterilen Deckspelzen und sterilen Blüten (es ist nur die Vorspelze vorhanden, alles andere fehlt) abschließen.

Nach der Form und Verzweigungsweise kann man die Gräser in 3 wichtige morphologische Gruppen unterteilen. Bei den **Ährengräsern** liegt morphologisch eine Doppeltraube vor. Die einzelnen Ährchen sind dabei ungestielt (z. B. Weizen, Gerste, Roggen). Bei den **Rispengräsern** sind die Ährchen lang gestielt und abstehend. In der Achsel eines Tragblattes setzen oft mehrere und zudem meist verzweigte Rispenäste (z. B. Hafer) an. Bei den **Ährenrispengräsern** handelt es sich um Gräser, die auf den ersten Blick aussehen wie Ährengräser, biegt man aber die Infloreszenz über den Finger, so kann man erkennen, dass die Ährchen nicht sitzend, sondern kurz gestielt sind und ein Verzweigungsgrad wie bei Rispengräsern vorliegt. Der vierte morphologische Typ, die **Fingergräser**, sind bei uns nur durch wenige Arten, zum Beispiel das in wärmeren Gebieten häufigere *Cynodon dactylon* (L.) Pers. (Hundszahn) und 2 Arten der Gattung *Digitaria* (Fingerhirse) vertreten. Bei den Fingergräsern ist der Blütenstand aus mehreren Teilen handförmig zusammengesetzt, von denen jeder im Aufbau dem ganzen Blütenstand der Ährengräser entspricht.

Der Grasembryo weist einen sehr eigenartigen Bau auf, den man lange nicht mit dem Bau der übrigen Monocotyledonen homologisieren konnte. Da Graskeimlinge wichtige Forschungsobjekte waren und sind (z. B. Versuch mit Hafer-Koleoptilen zum Nachweis von Phytohormonen) soll hier eine dem aktuellen Wissensstand entsprechende Darstellung des Graskeimlings gegeben werden. In Abb. 58c sind dabei zusätzlich in Klammern kursiv die für die Gräser geprägten Spezialbegriffe angegeben. Spezialbegriffe, die keine Entsprechung in der üblichen Terminologie haben, können als überflüssig angesehen werden. Der Grasembryo weist ein haustoriales Keimblatt auf, das praktisch vollständig im Samen verbleibt (Scutellum). Dieses Keimblatt hat eine röhrenförmig geschlossene Keimblattscheide (Koleoptile), die ähnlich der tütenförmigen Ochrea der Polygonaceae über den Blattansatz emporragt. Die Homologisierung der Koleoptile war lange Zeit umstritten, weil zwischen dem Ansatz des Keimblattes und seiner Scheide ein kurzes Achsenstück eingeschoben ist, das früher unsinnigerweise als Mesokotyl[53] bezeichnet wurde. Dieses Achsenstück wird besser als das Ergebnis einer kongenitalen Verwachsung der Achse mit der sie umschließenden Scheide (konkauleszente Verlagerung) interpretiert. Vergleichbares kann auch in anderen Familien der Commelinidae beobachtet werden. Die Koleorrhiza ist das Hypokotyl, bzw. weil es so kurz ist zugleich der Wurzelhals des Grasembryos. Man kann dies daran erkennen, dass die Koleorrhiza zur Ausbildung von epidermalen Hafthaaren (Rhizoiden, Wurzelhalshaaren) befähigt ist. Der nicht überall vorkommende Epiblast ist eine Aufwölbung der Koleorrhiza und kann ebenfalls Wurzelhalshaare tragen. Der Grasembryo entwickelt keine Primärwurzel. Die erste austretende Wurzel ist mehr oder weniger seitlich orientiert und entspricht bereits der ersten sprossbürtigen Wurzel anderer Monokotyledonen.

Die **nächsten Verwandten** der Poaceae sind die südhemisphärisch verbreiteten (in Südamerika nur 1 Art) Restionaceae.

Von Anfängern werden die Poaceae oft mit Cyperaceae und Juncaceae verwechselt, obwohl anhand weniger und eindeutiger Merkmale eine sichere Unterscheidung leicht möglich ist. Deswegen werden die Merkmale für die einheimischen Arten in Tab. 6 nochmals gegenübergestellt.

---

53 Ein Mesokotyl ist ein (sehr selten vorkommendes) zwischen die beiden Keimblätter eingeschobenes Achsenstück, z. B. bei Gesneriaceae. Bei Monocotyledonen mit nur einem Keimblatt kann es also überhaupt kein Mesokotyl geben.

Tab. 6: Merkmale von Poaceae, Cyperaceae und Juncaceae im Vergleich

	Poaceae	Cyperaceae	Juncaceae
Stängel	mit verdickten Knoten rund oder 2-seitig abgeflacht mit Ausnahme an den Knoten fast immer hohl	ohne verdickte Knoten mehr oder weniger 3-kantig nicht hohl, markerfüllt	ohne verdickte Knoten rund markerfüllt oder gekammert
Blattstellung	wechselständig 2-zeilig	wechselständig 3-zeilig	wechselständig 2- oder 3-zeilig
Battgestalt	flach, gerollt oder einmal gefaltet	flach oder doppelt gefaltet, seltener rund	flach und meist am Rand bewimpert oder stielrund und kahl
Blütenformel	P(2)+2 A3 G(3) seltener Blüten eingeschlechtig	männl.: A3 , weibl. G(3) seltener P3+3 A3 G(3)	P 3+3 A3+3 G(3) oder seltener P3+3 A3 G(3)
Blüte und Blütenstand	Blüten meist zwittrig, in zwittrigen Teilblütenständen (Ährchen) angeordnet, ohne deutlich erkennbares Perianth. Staubgefäße 3	Blüten meist eingeschlechtig, meist in eingeschlechtigen Teilblütenständen (Ährchen), Perianth borstenförmig oder fehlend, Staubgefäße 3	Blüten mit 6-zähligem, persistierendem Perigon, Antheren 3 oder 6, Blüten in Rispen oder Knäueln, nicht in Ährchen
Frucht	1-samige Nuss, Karyopse	1-samige Nuss, meist von Schlauchblatt (Utriculus) umhüllt (*Carex*)	3- bis vielsamige Kapsel

6.4 Pinopsida (Gabel- und Nadelblättrige Nacktsamer)

Die Nacktsamer (Gymnospermae, Pinophytina) werden in den Bestimmungsübungen kaum behandelt. Da jedoch einige Koniferen-Arten als wichtige mitteleuropäische Gehölze auf den Exkursionen demonstriert werden, sollen auch sie hier wenigstens kurz erwähnt werden.

Von den Nacktsamern (Gymnospermae), kommen in unserer Flora nur wenige Vertreter der Nadelblättrigen Nacktsamer (Coniferophytina) vor, die fast alle zur Unterklasse Pinidae (= Coniferae, Nadelhölzer) der Klasse Pinopsida (= Pinatae) gehören. Sie verteilen sich auf die Familien der Pinaceae (s. unten) und Cupressaceae (Zypressengewächse, mit *Juniperus*, Wacholder). Die Taxaceae (mit *Taxus*, Eibe, diözisch; Samen von rotem, fleischigem Arillus umgeben, einzeln stehend) werden heute ebenfalls in die Pinidae gestellt.

Pinaceae (Kieferngewächse)

11 Gattungen und 225 Arten, davon einheimisch 4 Gattungen und 6 Arten.

Bäume mit monopodialem Wuchs und spiralig oder büschelig angeordneten meist nadelförmig und xeromorphen Blättern (Nadeln) an Lang- oder Kurztrieben. Blätter, Borke und Holz mit Harzgängen.

Blüten windbestäubt und eingeschlechtig. Die männlichen Zapfen sind Blüten. Sie sind aus zahlreichen schuppenförmigen Staubblättern aufgebaut, die in der Regel je 2 Pollensäcke auf ihrer Unterseite tragen. Pollenkörner meist mit zwei großen Luftsäcken. Männliche Zapfen kätzchenartig.

Die weiblichen Zapfen sind dagegen Blütenstände. In den Achseln von Deckschuppen sitzt je eine Samenschuppe, die am Grund auf ihrer Oberseite 2 Samenanlagen trägt. Da in der Achsel eines Blattes niemals ein Blatt, sondern nur eine Seitenachse (mit einem oder mehreren Blättern) stehen kann, muss der ganze Zapfen als verzweigtes System und damit als Blütenstand angesehen werden. Die Deckschuppen verkümmern später meist, so dass der reife Zapfen ganz oder überwiegend aus den verholzenden Samenschuppen aufgebaut ist, die nach der Befruchtung die heranreifenden Samen schützen. Da die Samenschuppen zur Blütezeit auseinanderspreizen und der Pollen unmittelbar auf die Mikropyle der Samenanlage und nicht – wie bei den Angiospermen – auf die Narbe eines Fruchtknotens gelangt, handelt es sich um typische „Nacktsamer". Die Samen weisen manchmal eine dicke Sklerotesta auf (Zirbel„nüsse" von *Pinus cembra*), sind flächig mit der Samenschuppe ohne Funiculus angewachsen und sind in einen distalen Flügel ausgezogen.

Einheimische Gattungen und Arten:
– *Abies alba* MILL. (Weiß-Tanne), Nadeln unterseits mit 2 hellen Streifen (Spaltöffnungsreihen), an der Spitze eingebuchtet, mit napfförmiger Basis am Zweig sitzend, verkahlte Äste glatt; Zapfen aufrecht stehend, bei der Reife in die einzelnen Schuppen zerfallend. Gebirgsbaum Süddeutschlands.
– *Picea abies* (L.) H. KARST. (Fichte), Nadeln unterseits ohne helle Streifen, spitz, vierkantig, mit breiter Basis die Zweige herablaufend, verkahlte Äste schuppig-rau; reife Zapfen hängend, als Ganze abfallend; Gebirgsbaum, in Norddeutschland meist nur angepflanzt.
– *Pinus* (Kiefer), Nadeln i. A. zu zweit oder zu mehreren an Kurztrieben, die in den Achseln von Schuppenblättern an den Langtrieben sitzen; in Norddeutschland nur *P. sylvestris* L. (Wald-Kiefer, mit zweinadeligen Kurztrieben), besonders auf ärmeren Standorten (trockenen Sandböden oder auch Moorböden), oft gepflanzt; in Gebirslagen *P. cembra* L., an der Waldgrenze *P. mugo* TURRA.
– *Larix decidua* MILL. (Lärche), im Gegensatz zu den 3 anderen Gattungen mit sommergrünen, im Herbst abfallenden Nadeln, die einzeln an jungen Langtrieben oder zu vielen an Kurztrieben sitzen; natürliches Vorkommen meist in höheren Lagen der Zentralalpen.
Forstlich genutzt werden weitere Arten, insbesondere Douglasie *Pseudotsuga menziesii* (MIRB.) FRANCO, Weymouth-Kiefer *Pinus strobus* L., Schwarz-Kiefer *Pinus nigra* L. und zahlreiche andere. Im Gartenbau wurden aus vielen weiteren Arten Sorten (Zwergformen,

Hängeformen etc.) selektiert, die meist aus Sprossmutanten hervorgegangen sind, und die Gruppe selbst für Spezialisten in der Bestimmung schwierig machen.

6.5 Pteridophyta (Farnpflanzen, Gefäßsporenpflanzen)

Wie die Samenpflanzen Kormophyten mit Sprossachsen, Blättern und (meist) Wurzeln; Fortpflanzung durch einzellige Sporen, keine Samenbildung. In ihrer Entwicklung (Abb. 59) wechselt regelmäßig eine diploide, sporenbildende Generation, der Sporophyt (= die kormophytische Farnpflanze) mit einer haploiden, die Geschlechtszellen bildenden, thallösen Generation ab (dem Gametophyten = Prothallium). Die Sporen werden unter Reduktionsteilung in Sporangien gebildet, die Gameten unter mitotischen Teilungen in Gametangien (1 Eizelle je Archegonium, mehrere Spermatozoiden je Antheridium). Dieser heterophasische (d. h. mit einem Kernphasenwechsel verbundene) und heteromorphe Generationswechsel (mit verschieden gestalteten Generationen) lässt sich in Rudimenten auch noch bei allen Samenpflanzen nachweisen. Bei letzteren sind jedoch die stets eingeschlechtigen Prothallien keine selbständigen Pflanzen mehr wie bei den Farnpflanzen, sondern sie sind auf meist wenige Zellen im Inneren der Samenanlage bzw. des Pollenkorns reduziert (Angiospermen-Entwicklungsschema Abb. 11). Bei den Gymnospermen enthält die Samenanlage noch ein vielzelliges weibliches Prothallium.

Bei den Schachtelhalmen sind die **Sporophylle** stets, bei den Bärlappgewächsen häufig von den vegetativen Blättern (**Trophophyllen**, „Nährblättern") verschieden. Bei den Farnen dienen dagegen die Trophophylle meist gleichzeitig als Sporophylle; gelegentlich kann jedoch auch hier eine stärkere Differenzierung erfolgen (z. B. beim Rippenfarn, *Blechnum spicant* (L.) ROTH, oder beim Straußfarn, *Matteuccia struthiopteris* [L.] TOD.). Die meisten Arten der rezenten Pteridophyten sind isospor, d. h. sie bilden nur Sporen einer Größe aus. Doch kommt bei einem Teil der Lycopodiopsida (z. B. bei allen Arten von *Selaginella*) und bei wenigen Pteridopsida (bei den sog. „Wasserfarnen") noch die früher viel weiter ver-

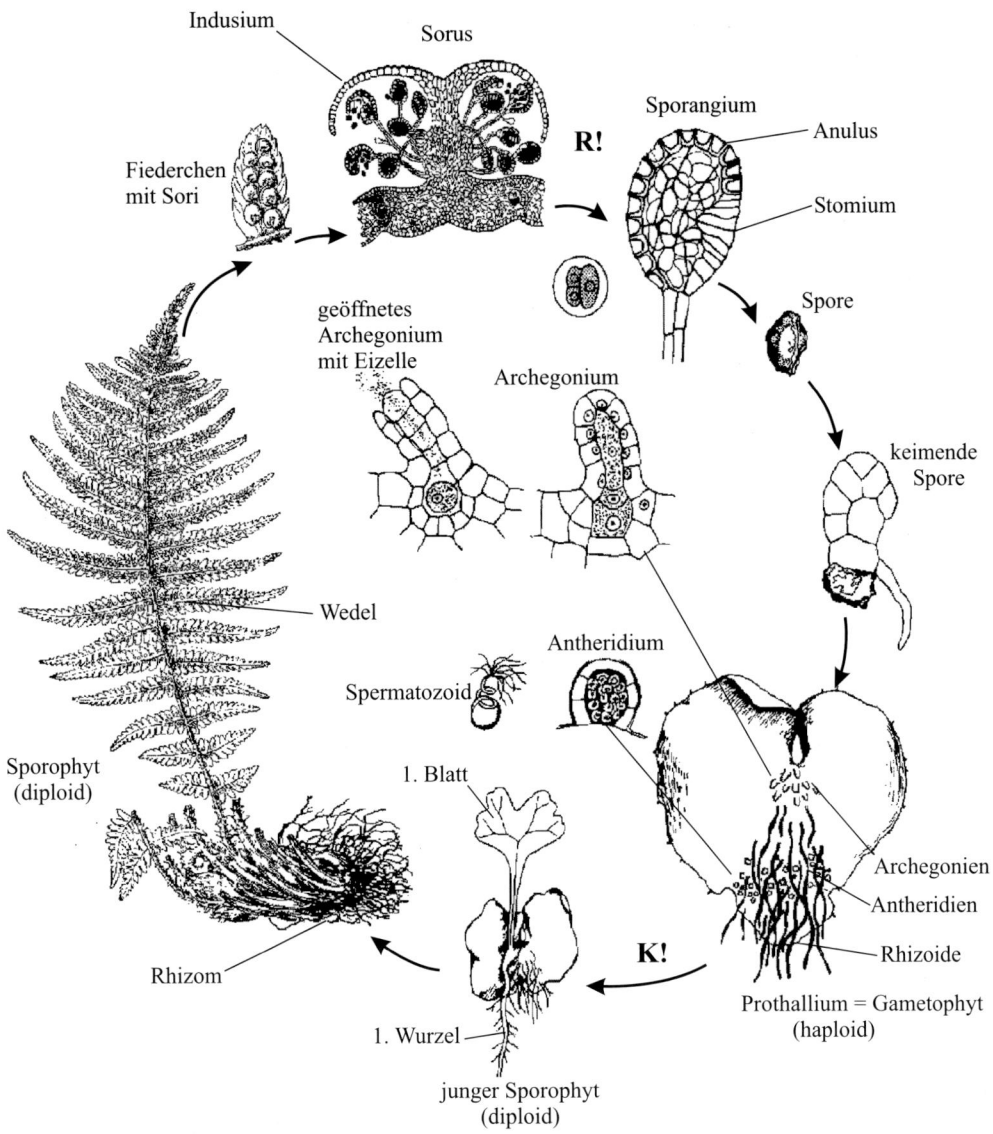

Abb. 59: Entwicklungszyklus eines Farnes (aus der Ordnung Polypodiales).
R! Reduktionsteilung (Meiose, bei der Sporenbildung im Sporangium); nähere Erläuterungen im Text (nach
Weberling & Schwantes 1992 und Sitte et al. 1991, verändert). Der abgebildete Sporophyt ähnelt *Dryopteris
filix-mas* (L.) Schott, soll jedoch nur allgemein einen Farn symbolisieren.

breitete **Heterosporie** vor: Eine Sporophyten-
pflanze erzeugt zahlreiche Mikrosporen in Mikrosporangien und wenige (bis 1) Makrosporen
in Makrosporangien; aus den Mikrosporen entwickeln sich männliche, aus den Makrosporen
weibliche Prothallien. Mit der Heterosporie ist
eine starke Reduktion der Gametophyten ver-

bunden; diese bleiben größtenteils in den Sporen eingeschlossen.

Die meisten einheimischen Farnarten gehören zur Ordnung der Aspidiales. Die Sporangien sind zu flächenständigen Sori zusammengefasst, die von einem Schleier (Indusium) bedeckt sind. Die Sporangien haben eine zarte,

einschichtige Wand mit einem **Anulus** (Ring) aus U-förmig verdickten, zuletzt abgestorbenen Zellen, der über einen Kohäsionsmechanismus das Öffnen der reifen Sporangien bewirkt. Die Form der Sori und die Ausbildung des Indusiums sind wichtige Bestimmungsmerkmale.

Lycopodiopsida (= Lycopodiatae, Bärlappgewächse)
3 Familien mit 8 Gattungen und 1100 Arten, davon einheimisch 6 Gattungen und 15 Arten.
Blätter und Sprossachsen: Blätter meist klein, ungeteilt, 1-nervig, dicht wechselständig oder kreuzgegenständig an dünnen Sprossachsen (nur bei Isoetes grundständig an knollenförmig gestauchten Achsen).
Sporangien: einzeln am Grunde der Blatt-(Sporophyll-)Oberseite. Sporophylle z. T. in ährenförmig abgegrenzten Ständen, z. T. von Laubblättern wenig verschieden.
Sporen: isospor bei Lycopodiaceae; heterospor bei Selaginellaceae und Isoetaceae.
Prothallien: bei Lycopodiaceae heterotroph, (mit Pilzsymbionten), knöllchenförmig, unterirdisch. Bci heterosporen Gruppen (*Selaginella*, *Isoetes*) stark reduziert und ± in der Spore eingeschlossen.
Spermatozoiden: zweigeißlig, selten vielgeißlig.

Equisetopsida (= Equisetatae, Sphenopsida; Articulatae, Schachtelhalmgewächse)
Nur 1 Familie und 1 Gattung *(Equisetum)* mit etwa 30 Arten, davon einheimisch 14 Arten.
Blätter und Sprossachsen: Blätter schuppenförmig, 1-nervig, quirlständig, an knotig gegliederten, meist hohlen und gerieften Achsen; die Basalteile der Blätter eines jeden Wirtels sind zu einer Scheide verwachsen, die den Stängel umschließt. Pflanzen reich an Kieselsäure. Seitenachsen alternieren mit den Blättern und entstehen endogen (!).
Sporangien: zu mehreren auf der Unterseite gestielter, schildförmiger Sporangienträger, die in ährenförmigen Ständen angeordnet sind. Sporangien tragende und vegetative Sprosse bei einigen Arten jahreszeitlich getrennt.
Sporen: alle rezenten Arten isospor.
Prothallien: autotroph, thallös, lappig geteilt.
Spermatozoiden: vielgeißlig.

Pteridopsida (= Filicatae, Farne, oft als „echte Farne" von den Pteridophyta = Farnpflanzen abgehoben)
Mehrere Ordnungen und Familien mit mehr als 400 Gattungen und über 10 000 Arten, davon einheimisch 24 Gattungen und etwa 60 Arten.
Blätter und Sprossachsen: meist große, ein- oder mehrfach gefiederte (selten ungeteilte), mehrnervige Wedel-Blätter, die wechselständig an einem Rhizom entspringen. Rhizom und Wedelstiele oft von Spreuschuppen bedeckt.
Nutzpflanzen: *Dryopteris* (Wurmfarn) wurde früher als Anthelminthicum eingesetzt; wegen Vergiftungsgefahr aber nicht mehr im Gebrauch.
Sporangien: meist in Gruppen (Sori) auf der Unterseite der Wedel, seltener am Rande der Blätter oder in einem abgegrenzten Wedelabschnitt.
Sporen: isospor, nur bei den Wasserfarnen (z. B. Salvinia, Azolla) heterospor.
Prothallien: meist autotroph, flach-einschichtig, oft herzförmig, thallös; selten heterotroph (mit Pilzsymbiose, unterirdisch, knöllchenförmig) oder bei heterosporen Farnen stark reduziert.
Spermatozoiden: vielgeißlig.

7 Praktische Anleitungen

7.1 Einstieg in die Bestimmungsarbeit

Der erste Schritt beim Erlernen des Bestimmens ist weniger das Kennenlernen von Pflanzen, als das Kennenlernen des Bestimmungsbuches. Dies geschieht am besten, indem man Pflanzen bestimmt, die man bereits kennt. Man merkt dann am Schluss, ob man Fehler gemacht hat, und man kann diese Fehler auch finden, indem man rückwärts vom Ziel her durch den Schlüssel zurückgeht und das Fragenpaar sucht, bei dem man falsch entschieden hat. So lernt und übt man auch den Gebrauch der Fachbegriffe. Klappt das Bestimmen von bekannten Pflanzen sicher, dann kann man auch darauf vertrauen, dass das Ergebnis bei der Bestimmung von unbekannten Pflanzen stimmt.

7.1.1 Bestimmungsschlüssel und Bestimmungsbuch

Das praktische Bestimmen wird zweckmäßigerweise mit einem Bestimmungsbuch mit vollständigen, dichotomen Bestimmungsschlüsseln durchgeführt. Der reine Vergleich mit Abbildungen hat demgegenüber den Nachteil, dass das Ergebnis mehr visuell und intuitiv ist. Bei Verwendung des dichotomen Schlüssels ist dagegen die Begründung für das Ergebnis durch die verwendeten Merkmale völlig transparent. Vor allem für Nutzer ohne gewisse Vorkenntnisse sind Bilderbücher zur Überprüfung des Ergebnisses aber von großem Nutzen. Farbfotos (fast) aller einheimischen Pflanzen bietet zum Beispiel der „Bildatlas der Farn- und Blütenpflanzen Deutschlands" (HAEUPLER & MUER 2000), wissenschaftliche Zeichnungen mit Hervorhebung der wichtigen Merkmale bietet der Band 3 der Exkursionsflora von ROTHMALER (ROTHMALER 2000).

Leider reicht die Umgangssprache für eine präzise Beschreibung von Pflanzen nicht aus.

Man ist daher gezwungen, sich mit einer mehr oder weniger umfangreichen **Fachterminologie** abzufinden. Dazu kommt noch eine Sammlung von Abkürzungen, die in den Schlüsseln ständig verwendet werden, um den Text nicht zu lang werden zu lassen. Fachterminologie wie Abkürzungen werden in guten Bestimmungsbüchern in einführenden Kapiteln erläutert. Man muss diese Abschnitte gelesen haben und auch gelegentlich dort nachschlagen, wenn man Pflanzen bestimmen will. Zum einen können die Definitionen von Begriffen von Buch zu Buch leicht variieren, zum anderen sind viele Abkürzungen weder selbsterklärend noch notwendigerweise in allen Büchern gleichbedeutend. Im einen Buch wird zum Beispiel „Blüte" mit „Bl" und „Blatt" mit „B" abgekürzt, ein anderes macht es genau umgekehrt. Vielfach wird in Bestimmungsschlüsseln nach Größenangaben in mm oder cm gefragt. Das Schätzvermögen vieler Menschen ist deutlich schlechter als man das gemeinhin glaubt. In den Büchern ist deswegen meistens auf der Innenseite eines Buchdeckels ein Maßstab aufgedruckt, den man auch benutzen sollte!

Die meisten Bestimmungsbücher enthalten streng **dichotome Schlüssel**. Diese sind aus Fragenpaaren mit sich gegenseitig ausschließenden Möglichkeiten aufgebaut. Die beiden Alternativen folgen dabei entweder direkt aufeinander und es wird mit Zahlen zum anschließenden Fragenpaar verwiesen (Schlüssel nach dem „Postleitzahlen-System", z. B. ROTHMALER), oder auf eine Alternative folgen zuerst alle Gruppen, die zu dieser Alternative gehören, und dann kommt erst die andere Alternative (springende Schlüssel, z. B. OBERDORFER).

Die springenden Schlüssel verlangen oft eine umständliche Suche nach der Alternative, haben aber den Vorteil, dass man eine bessere Übersicht über systematische Gruppen bekommt, falls der Schlüssel tatsächlich vorwiegend systematisch wichtige Merkmale verwendet. Da systematisch wesentliche Merkmale

Postleitzahlen-System	
1 einjährige Pflanze	2
1* Strauch	4
2 Stängel aufrecht	Planta erecta
2* Stängel niederliegend	3
3 Blätter kahl	Planta glabra
3* Blätter behaart	Planta hirsuta
4 Blüten weiß	Planta alba
4* Blüten rot	Planta rubra

Springender Schlüssel	
1 einjährige Pflanze	
2 Stängel aufrecht	Planta erecta
2* Stängel niederliegend	
3 Blätter kahl	Planta glabra
3* Blätter behaart	Planta hirsuta
1* Strauch	
4 Blüten weiß	Planta alba
4* Blüten rot	Planta rubra

häufig unpraktisch sind (biochemische, mikromorphologische, anatomische und andere Merkmale), ist für unsere Zwecke der Schlüssel nach dem Postleitzahlen-System besser geeignet.

Im springenden Schlüssel (rechts) dienen die Zahlen nur als Hilfe zum Auffinden der zugehörigen Alternative, er wäre auch ohne Zahlen funktionsfähig, die Alternative ist die nächste Zeile, die genau gleich weit eingerückt ist. Im Postleitzahlen-Schlüssel (links) kann die Fortsetzung nur über den Zahlenverweis aufgefunden werden.

Sollte man nicht sicher sein, welche Alternative zutrifft, ist es hilfreich, beide Wege zu versuchen. Der falsche Weg ist daran erkennbar, dass immer häufiger Alternativen angeboten werden, die beide nicht zutreffen. Auch sind unpassende Alternativen oft ein Indiz, dass man bereits an einer anderen Stelle etwas falsch gemacht hat, an der man sich noch sicher gefühlt hat.

Die Logik der Beschreibungen in beiden Alternativen ist genau zu beachten. Ein Komma zwischen zwei Merkmalen bedeutet grundsätzlich, dass beide Bedingungen erfüllt sein müssen (z. B. Pflanze immergrün, strauchförmig). Um eine durchgehende Dichotomie zu erreichen und drei Alternativen für den Schlüssel auf zwei zu reduzieren, sind manchmal zwei sich ausschließende Merkmale durch „oder" zu einer Alternative zusammengefasst (z. B. Pflanze untergetaucht oder baumförmig). Weit über 50 % aller Bestimmungsfehler entstehen durch Nichtbeachten des logischen Unterschiedes zwischen „und"- und „oder"-Verknüpfungen! Es sind stets beide Alternativen vollständig zu vergleichen und gegebenenfalls auch die

angegebenen Abbildungen als Entscheidungshilfe heranzuziehen.

7.1.2 Der Bestimmungsgang anhand von zwei Beispielen

Bestimmungsschlüssel zu machen, ist schwierig. In manchen Floren finden sich nach 50 oder mehr Auflagen immer noch Zweideutigkeiten und einzelne Fehler. Man sollte denken, dass Fragenpaare erstens immer Merkmale betreffen, die auch benutzbar sind, und zweitens Merkmalsgegensätze enthalten. Das ist aber oft nicht der Fall. Außerdem sind die Angaben manchmal, ähnlich juristischen Texten, trotz hoher Präzision alles andere als leicht verständlich.

Die Bestimmung soll deswegen am Beispiel einer blühenden Garten-Tulpe vorgeführt werden. Es sind natürlich beliebige andere Beispiele denkbar, die Tulpe hat sich aber wegen der Blütengröße als einfaches Startbeispiel bewährt. Die Bestimmung erfolgt hier beispielhaft mit zwei Exkursionsfloren: Exkursionsflora von Deutschland (ROTHMALER, 17. Aufl., Bd. 2, 1999) und Pflanzensoziologische Exkursionsflora für Deutschland und angrenzende Gebiete (OBERDORFER, 8. Aufl., 2001).

Bestimmung mit der Exkursionsflora von Deutschland (ROTHMALER 1999)

Der Bestimmungsgang mit der Exkursionsflora von Deutschland (ROTHMALER 1999) sieht folgendermaßen aus:

Die Bestimmungstabellen beginnen auf Seite 72 mit der „Tabelle zum Bestimmen der Hauptgruppen". Dort gibt es zunächst den Hinweis auf Sondertabellen für Holzgewächse, Tauch-

und Schwimmpflanzen sowie Pflanzen ohne grüne Blätter zur Blütezeit. Bei solchen Arten kommt man mit den Sondertabellen schneller, das heißt mit weniger Fragen zum Ziel.

Dann beginnt der Schlüssel mit dem ersten Fragenpaar:

1   Pfl*anze* ohne B*lätter* und Sa*men*. Vermehrung durch staubfeine Sporen. Stets Kräuter (Farne, Bärlappe, Schachtelhalme – Sporenpfl*anzen*).   **Tab. I** S. 72

1* Pfl*anze* mit Sa*men*, die in B*lüten*, Zapfen (Nadelhölzer) od*er* einzeln an Sprossachsen (Eibe, *Ginkgo*) erzeugt werden (Samenpfl*anzen*)   **2**

Wir treffen also schon auf die Abkürzungen für Pflanze (Pfl), Blüte (B) und Samen (Sa). Mit sterilen Pflanzen kann man auch hier nicht arbeiten. Sind weder Blüten noch Sporen an der Pflanze, kann man nicht bestimmen. Bei unserer Tulpe trifft aber 1* zu und wir werden am Ende der Zeile auf das nächste Fragenpaar verwiesen (→ 2).

2   Sa*men*-Anlagen nicht in *Frucht*knoten eingeschlossen („nackt"), oft (Nadelhölzer) auf der *Ober*Seite von Sa*men*- od*er* Zapfenschuppen, die zu Zapfen angeordnet sind, selten einzeln an Sprossachsen. Stets Gehölze. B*lätter* nadel- oder schuppenförmig, selten (*Ginkgo*) breit und 2lappig (Abb. **124**/1), meist immergrün (Nacktsamige Pfl*anzen*).   **Tab. II** S. 75

2* Sa*men*Anlagen in *Frucht*knoten eingeschlossen („bedeckt"). Kräuter od*er* Gehölze; wenn Gehölze mit nadel*förmigen* Blättern, dann ohne Zapfen (Bedecktsamige Pfl*anzen*)   **3**

Kürzer formuliert wird hier gefragt „Blütenpflanze oder Konifere". Wir wissen, dass die Tulpe keine Konifere ist und könnten direkt zu 3 weitergehen. Das Fragenpaar zeigt aber sehr schön, dass man beim Bestimmen Dinge hinzulernen kann, die man so vielleicht nicht gewusst hat. Dass Koniferen anders aussehen als Blütenpflanzen, darf als allgemein bekannt vorausgesetzt werden. Dass Samenanlagen bei Koniferen offen auf blattähnlichen Gebilden liegen, während sie bei Blütenpflanzen nicht frei exponiert werden, ist sicher weniger bekannt. Die Formulierung unter 2* macht uns weiterhin darauf aufmerksam, dass es Pflanzen gibt, die keine Koniferen sind, obwohl sie auf den ersten

Blick so aussehen, und zeigt, wie man sie mit dem zweiten Blick trotzdem erkennt. Wir werden im Bestimmungsgang immer wieder solche Informationen finden, die für das eigentliche Bestimmen wertlos sind, die uns aber trotzdem wichtige Informationen über die jeweiligen Arten liefern.

Darüber hinaus werden wir bereits hier mit einem Problem vertraut gemacht, das in Schlüsseln immer wieder auftaucht. Es gibt einzelne Arten, die in keine der beiden Alternativen passen. Was heißt schon „selten breit und zweilappig"? Ist hier gemeint, dass eine Art selten die Merkmale breit und zweilappig hat, oder dass eine seltene Art immer breit und zweilappig ist? Die Einfügung „*(Ginkgo)*" zeigt dass hier das letztere gemeint ist. Solche Arten (hier *Ginkgo*) werden dann explizit erwähnt und man muss sie kennen, um weiterbestimmen zu können. Das geht nur, wenn wie hier eine Abbildung angegeben ist, die einem das Kennenlernen ohne Bestimmen ermöglicht. Manchmal werden solche Arten mit einem vorgeschalteten Bestimmungsschritt einfach erfasst und „ausgeschlüsselt". In diesem Fall endet eine der beiden Alternativen direkt mit einem Artnamen.

3   B*lätter* fast stets streifennervig, stets einfach u*nd* ungeteilt. B*lüten*Hülle fast stets 3- od*er* 6zählig od*er* (Gräser u*nd* Sauergräser) B*lüten* nackt u*nd* von 1 od*er* 2 Spelzen eingehüllt. StaubB*lätter* meist 6 od*er* 3. Keimling stets mit 1 KeimB*latt*. Hauptwurzel kurzlebig, früh durch Büschel sprossbürtiger Wurzeln ersetzt. Nur Kräuter (Einkeimblättrige Pfl*anzen*).   **Tab. III** S. 75

3* B*lätter* fieder- od*er* fingernervig, selten streifennervig. B*lüten*Hülle oft 4- od*er* 5zählig, selten 3- oder mehrzählig. StaubB*lätter* sehr selten 6 od*er* 3. Fast stets 2 gegenständige KeimB*lätter* Hauptwurzel oft bleibend (Zweikeimblättrige Pfl*anzen*)   **4**

Dieses Gegensatzpaar ist in fast allen Bestimmungsbüchern in dieser oder ähnlicher Form anzutreffen und ist ein echtes Ärgernis. Genau besehen gibt es alles auf beiden Seiten, nur eben auf der einen Seite häufiger als auf der anderen. Hier lernt man gleich zu Beginn, wie man Schlüssel nicht konstruieren darf. Würde es unter 3 heißen „BHülle fast stets 3- oder

6zählig, selten 2- oder 4zählig niemals 5zählig" würde einem das schon eher helfen. Unter 3* sollte es dann noch heißen „wenn BHülle 3- oder 6zählig, dann Blätter nicht streifennervig". Die Anzahl der Keimblätter und die Lebensdauer der Keimwurzel ist für das Bestimmen wenig hilfreich. Wir graben normalerweise nichts aus, und die Keimblätter sind an blühenden Pflanzen fast nie erhalten.

Es geht bei dieser Schlüsselfrage um die Trennung in die beiden Hauptgruppen der Blütenpflanzen, die Monocotyledonen (Einkeimblättrige) und die Dicotyledonen (Zweikeimblättrige). Im Schlüssel werden theoretisch (systematisch) wichtige Unterscheidungsmerkmale mit aufgeführt, auch wenn sie praktisch wertlos sind. Obwohl die Schlüssel an dieser Stelle allgemein schlecht formuliert sind, scheitern erfahrungsgemäß wenige Benutzer an dieser Klippe. Man geht in der Regel dort weiter, wo es allgemein besser passt und hofft, dass es keine Art gibt, für die alle Ausnahmen gleichzeitig zutreffen. Im Zweifelsfall für das kleinere Übel zu entscheiden, ist eine Taktik, die meistens zum Erfolg führt. Wenn es im Bestimmungsgang einmal nur noch größere Übel zur Auswahl gibt, deutet das in der Regel auf einen Fehler bei einer früheren Entscheidung hin. In unserem Fall passt alles viel besser zu 3 als zu 3* und die Bestimmung wird auf Seite 75 fortgesetzt.

In der Tabelle III erfahren wir gleich zu Beginn beruhigendes. „In die Tabelle sind auch einige zweikeimblättrige Pflanzen aufgenommen, ihre Namen sind in eckige Klammern gesetzt." Bekanntermaßen häufig gemachte Fehler werden also in diesem Schlüssel noch einmal abgefangen und man gelangt zum richtigen Ziel, obwohl man eigentlich schon einen Fehler gemacht hat. Das erste Gegensatzpaar lautet:

1 Stängel nur mit 1 BlattQuirl aus 4 (5) Blättern und 1 endständigen Blüte (Abb. **512**/3) KelchBlätter und KronBlätter je 4, StaubBlätter 8 (10).
Einbeere – Páris S. 513
1* Stängel nicht mit 1 BlattQuirl (höchstens mit 1 BlattPaar) **2**

Hier wird eine einzelne Art, die Einbeere, zu Beginn ausgeschlüsselt, da sie den weiteren Bestimmungsgang stören würde. Die Art ist zugleich eine der wenigen, die nicht in das

allgemeine Bild der Monocotyledonen passt, weil die Blätter netznervig sind. Falls man nicht weiß, was man sich unter einem Blattquirl vorzustellen hat, kann man die Abbildung auf Seite 512 anschauen und hoffen, dass man es intuitiv richtig versteht, oder aber besser auf Seite 14 den Abschnitt „Stellung von Blättern an der Sprossachse" mit allen dazu gehörenden Definitionen durchlesen. Unter 1* ist die Angabe „(höchstens mit 1 BlPaar)" gelegentlich Anlass zu Missverständnissen. Dies ist lediglich der Hinweis, dass ein Quirl aus mehr als 2 Blättern an einem Knoten besteht und nicht nur aus 1 Blattpaar, nicht etwa, dass die Pflanze höchstens 2 Blätter haben darf. Wir gehen also weiter zu 2.

2 Schwimm- oder TauchPflanze oder quirlig beblätterte SumpfPflanze **3**
2* LandPflanze oder nicht quirlig beblätterte SumpfPflanze **19**

Hier ist alles noch recht übersichtlich, die Verknüpfung mit „oder" beinhaltet, dass hier zwei Alternativen zu einem Schlüsselschritt zusammengefasst werden, die dann meist in einem späteren Schritt weiter aufgetrennt werden. Schwieriger wird es, wenn in einer Alternative zugleich Verknüpfungen mit „oder" und mit „und" vorkommen. Man muss dann sehr genau aufpassen, was gemeinsam vorkommen muss und was nicht. Im Bestimmungsgang legen wir zum ersten Mal ein größeres Stück zurück und schreiten zur Frage 19 fort. Die Namen, die wir zwischen 2 und 19 übergehen, sind die Gruppen, die wir ausgeschieden haben. Im springenden Schlüssel (z.B. OBERDORFER) würden diese Fragen alle zwischen dem Fragepaar 2 und 2* stehen. Bei Frage 19 steht in Klammern gewissermaßen als Absenderangabe eine 2. Dies ist wichtig, damit man von einem richtigen Ergebnis aus auch rückwärts verfolgen kann, wie man dort hinkäme, wenn man denn keine Fehler machen würde. Das ist eine unschätzbare Hilfe für das Selbststudium.

19 (2) Blüten (zumindest die weiblichen) in Kolben **20**
19* Blüten nicht in Kolben **22**

Man kann hier auf Seite 22 bei den Begriffen für die Beschreibung von Blütenständen nachsehen, um zu erfahren, was genau ein Kolben ist. Da alle Gruppen mit Kolben aber vor Frage 22 (also mit Frage 20 und 21) ausgeschlüsselt werden müssen, kann man auch dort nachsehen, was denn gemeint wäre. Wir finden dort Mais, Aronstab und Rohrkolben und wissen damit, dass das richtige Ziel nur 22 sein kann. Solche zusätzlichen Gegenproben sind sehr hilfreich bei der Fehlervermeidung, denn wenn man nur eine Zeile beim Lesen verrutscht, wird man mit der falschen „Postleitzahl" zur falschen Stelle im Schlüssel geschickt!

22 (19) B*lüten* in kugligen, 1geschlechtigen Köpfen, die oberen männlich, die unteren weiblich, igelähnlich (Abb. **603/4**).
> **Igelkolben** – Spargánium S. 606

22* B*lüten* nicht in 1geschlechtigen Köpfen (aber zuweilen in Köpfen mit zwittrigen Blüten) **23**

Hier ist die Entscheidung zur Fortsetzung bei 23 ausnahmsweise einfach.

23 B*lüten*hülle fehlend od*er* aus Borsten od*er* Haaren bestehend. B*lüten* von 1 od*er* 2 kahnf*örmigen*, oft trockenhäutigen Hochb*lättern* (Spelzen) eingehüllt, zu kleinen Ährchen vereinigt, diese meist wiederum zu B*lüten*Ständen zusammengesetzt. B*lätter* grasartig od*er* borstenf*örmig* **24**

23* B*lüten*hülle vorhanden (zuweilen unscheinbar od*er* hinfällig u*nd* dann B*lüten* in einfachen Trauben), wenn spelzenartig trockenhäutig u*nd* B*lätter* grasartig od*er* borstenförmig, dann PerigonB*lätter* 6, in 2 Kreisen (Abb 532/1–7) **25**

Für die Tulpe trifft das meiste, was hier gesagt wird, ohnehin nicht zu. Die Entscheidung fällt auf der Basis der Alternativen „Blütenhülle fehlend" oder „Blütenhülle vorhanden". Die Frage zeigt aber deutlich, dass es entscheidend sein kann, beide Alternativen ganz zu lesen, denn trockenhäutige Blütenhüllen kommen in beiden Alternativen vor, sie sind dann aber unterschiedlich gestaltet.

25 (23) B*lüten*Hülle deutlich in einen grünen K*elch* u*nd* weiße, rosa od*er* gelbe K*rone* gegliedert. F*rucht*Kn*oten* 3–∞ **26**

25* B*lüten*Hülle ein kron- od*er* kelchartiges od*er* trockenhäutiges Perigon. PerigonB*lätter* 6 od*er* seltener 4, oft unterschiedlich gestaltet. F*rucht*Kn*oten* 1–6 **27**

Von einem Perigon sprechen wir, wenn die Blätter der Blütenhülle alle mehr oder weniger gleich gestaltet sind. Das Problem ist, ab wann

sie so verschieden sind, dass wir nicht mehr von einem Perigon, sondern von Kelch und Krone sprechen. In der Praxis macht man das einfach so, dass man bei Monocotyledonen nur dann von einem Kelch spricht, wenn der äußere Kreis grün ist. Wir sprechen also auch beim Schneeglöckchen von einem Perigon, obwohl der innere Kreis zu einer Röhre zusammenneigt und kurz ist und der äußere abgespreizt und lang ist. Selbst bei den Orchideen mit ihren manchmal sehr unterschiedlichen beiden Kreisen sprechen wir von einem Perigon. Bei den Dicotyledonen sprechen wir dagegen von einer Gliederung in Kelch und Krone, wenn der äußere Kreis deutlich anders ist als der innere, ganz unabhängig von der Farbe. Die äußeren, roten Blätter bei der Fuchsie oder der Blut-Johannisbeere sind deswegen ein Kelch, und die inneren (blau oder weiß bei der Fuchsie, weiß bei der Blut-Johannisbeere) die Krone. Das hat nichts mit Logik zu tun, sondern mit inzwischen teilweise überholten Vorstellungen über die Evolution der Blütenhülle. Wenn man nach dem Prinzip „Entscheidung für das kleinere Übel" vorgeht, fällt das unter Umständen gar nicht auf. Sucht man dagegen die Logik in der botanischen Terminologie, so sucht man immer dann vergebens, wenn die Begriffe mehr die Wissenschaftsgeschichte als eine formale Logik repräsentieren.

Das Zeichen ∞ benutzen wir in der Botanik für „viele". Dabei treibt man keinen großen Aufwand, sondern zählt bis 5 Glieder in einem Kreis. Sind es insgesamt 6, so sind sie meist in zwei Kreisen zu je 3 angeordnet. Man zählt auch noch zwei Kreise zu 4 oder zu 5 Organen aus. Wenn nicht genauer nachgefragt wird, sind „viele" einfach mehr als 10. Das ist sinnvoll, weil die Anzahl bei höheren Zahlen oft innerhalb einer Art variabel ist, und dann lohnt sich ein genaues Zählen ohnehin nicht.

27 (25) B*lüten* auf einer unterirdischen Knolle sitzend, daher F*rucht*Kn*oten* zur B*lüte*zeit unter der Erdoberfläche **28**

27* B*lüten* an oberirdischen Sprossen **29**

Schauen wir bei 28 nach, welche Arten denn „Blüten auf unterirdischen Knollen" haben, so stoßen wir auf die Gattungen Krokus und Zeitlose. Was wir bei diesen Arten als Blütenstiel empfunden haben, ist also in Wirklichkeit eine lange, enge Kronröhre. Es wird übrigens zurecht bei diesen Arten von einer Knolle und nicht, wie oft in Gartenkatalogen, von Zwiebeln gesprochen. Schneidet man eine Krokusknolle durch, so sieht man, dass sie nicht aus einzelnen Speicherblättern aufgebaut sind, wie eine Küchenzwiebel, sondern ein einheitliches Speicherorgan ähnlich einer Kartoffel darstellt.

29 (27) Frucht Knoten unterständig. Wenn nur männliche Blüten, dann Pflanze windend, mit herzförmigen Blättern   30
29* Frucht Knoten oberständig. Wenn nur männliche Blüten, dann Pflanze nicht windend, mit nadelförmigen Kurztrieben   33

Ein Fruchtknoten ist dann oberständig, wenn er oberhalb der Ansatzstelle der Blätter der Blütenhülle steht, unterständig ist er dagegen, wenn er unterhalb der Ansatzstelle der Blütenhülle steht. Man bezieht sich dabei auf eine Blüte, deren Öffnung nach oben gerichtet ist. Dieses morphologische oben und unten muss dabei nicht unbedingt mit der tatsächlichen Lage im Raum übereinstimmen. Bei Blüten ohne Fruchtknoten kann man mit diesem Merkmal leider nichts anfangen und für diesen Fall wurden mit „Wenn…, dann….“ zwei weitere Merkmale zur Entscheidung beigefügt. Studiert man den weiteren Bestimmungsweg, so merkt man, dass damit bei 29* der Spargel und bei 29 die Schmerwurz gemeint ist.

33 (29) Perigon kronartig, meist ansehnlich, weiß oder farbig (selten grünlich oder bräunlich); wenn dünnhäutig, dann Pflanze mit Lauchgeruch   34
33* Perigon kelchartig, meist trockenhäutig oder dünnhäutig, meist braun oder grün (selten weiß). Pflanze ohne Lauchgeruch. Blätter gras- oder binsenartig oder linealisch und fleischig   35

Hier werden nun die beiden Gruppen, die in 23* noch zusammengefasst wurden, auseinandergeschlüsselt. Es geht wieder nicht auf einmal, denn da gibt es eine Gruppe mit Lauchgeruch und Vertretern mit und ohne auffallendes Perigon. Diese werden dann geschlossen der einen Seite zugeschlagen und zwar wegen des Geruches. Da die Tulpe ansehnliche Blüten hat, geht es weiter bei 34.

34 Staub Blätter 9. Frucht Knoten 6. Balg Früchtchen. Blüten doldig. Blätter grundständig, linealisch, 3kantig.
Schwanenblume – Bútomus S. 490

34* Staub Blätter 6, seltener 4. Frucht Knoten 1. Kapseln oder Beeren. Perigonblätter frei oder verwachsen.
Liliengewächse – Liliáceae S. 501

Hier kommt man nun um das Zählen nicht herum, wir gelangen damit zu den Liliengewächsen.

Im Bestimmungsgang haben wir nun einen ersten und entscheidenden Schritt geschafft. Wir sind bei der Familie angekommen. Bei häufigen und leicht erkennbaren Familien werden wir später mit einiger Erfahrung direkt bei der Familie mit dem Bestimmen beginnen können. Dies verlangt aber wirklich sichere Kenntnis der Familienmerkmale. Wie leicht man sich hier irren kann, merkt man sofort, wenn man in einem Bilderbuch einen Korbblütler (Asteraceae), eine Kugelblume (Globulariaceae) eine *Knautia* (Dipsacaceae) oder einen Klee (Fabaceae) anschaut.

Wichtig ist, dass man Begriffe wie „doldig“ richtig interpretiert. Eine Dolde ist, ebenso wie eine Traube, ein morphologisch genau definierter Begriff. Leider sind die Unterscheidungsmerkmale aber an der Pflanze oft nicht deutlich zu erkennen. Mit „doldig“ oder „traubig“ und vergleichbaren Termini meint man daher „sieht auf den ersten Blick aus wie eine Dolde oder Traube, muss es aber nicht unbedingt sein“. Wenn wir von „goldig“ reden, ist etwas in vergleichbarer Weise zwar schön, aber eben nicht unbedingt golden.

Wir fahren fort auf Seite 501 und finden dort eine Kurzbeschreibung der Liliaceae, die uns einen Anhaltspunkt gibt, wie die Arten dieser Familie aussehen können und welche gemeinsamen Merkmale sie aufweisen. Die Lektüre dieser Kurzbeschreibung ist auch eine wichtige Kontrolle, ob das überhaupt noch richtig sein kann, was man da bisher bestimmt hat. Nach dieser Prüfung fahren wir im Bestimmungsgang fort.

1   Perigon Blätter 4, weiß. Staub Blätter 4. Laub Blätter 2 (–3), wechselständig.
Schattenblume – Maiánthemum S. 507
1* Perigon Blätter oder -Zipfel 6. Staub Blätter 6   2

Hier kommt es gelegentlich vor, dass einzelne Tulpen aus vierzähligen Wirteln aufgebaute Blüten aufweisen. Solche abnormen Pflanzen lassen sich nicht bestimmen. Das Beispiel zeigt aber, dass man immer mehrere Blüten und Pflanzen ansehen sollte, bevor man bestimmt. Bei der Bestimmung legt man dann die Verhältnisse zugrunde, die am häufigsten (= normalerweise) auftreten.

2 Pflanze zur Blütezeit (Herbst) ohne Blätter. Blätter und Früchte im Frühjahr erscheinend. Perigon lilarosa, 10–25 cm lang. FruchtKnoten unterirdisch.
Zeitlose – Cólchicum S. 503
2* Pflanze zur BlüteZeit mit Blättern. FruchtKnoten oberirdisch 3

Diese Frage wurde so ähnlich schon einmal in der Tabelle III gestellt. Sie taucht hier nochmals auf, weil der Kenner vielleicht erst bei der Familie in die Bestimmung einsteigt.

3 Pflanze mit nadelförmig gebüschelten Kurzsprossen in den Achseln von sehr kleinen, häutigen SchuppenBlättern. Kuglige Beeren. **Spargel** – Aspáragus S. 507
3* Pflanze mit wohlausgebildeten Blättern 4
4 Griffel 3, sehr kurz. Perigon weiß, gelblich oder grünlich 5
4* Griffel 1 oder 1 sitzende Narbe 6

Griffel nennt man das Stück zwischen dem Fruchtknoten und der Narbe, an der die Pollenkörner haften bleiben. Es gibt höchstens so viele Griffel, wie es Fruchtblätter gibt. Es kann aber auch von mehreren Fruchtblättern ein gemeinsamer Griffel gebildet werden, der dann die Narben oder auch einen gemeinsamen Narbenkopf trägt. Bei der Tulpe liegt eine sitzende Narbe vor.

6 (4) PerigonBlätter wenigstens bis zur Mitte verwachsen 7
6* PerigonBlätter frei oder nur unterhalb der Mitte verwachsen 11

Die Unterscheidung von „frei" und „verwachsen" gelingt am einfachsten an einem Exemplar, bei dem die Krone abfällt. Fällt sie an einem Stück ab, sind die Kronblätter verwachsen, fallen einzelne Kronblätter ab, so sind sie frei. Wo die Krone nicht abfällt, kann die Unterscheidung in „frei" und „verwachsen" entsprechend schwer sein. Da Kelchblätter sehr häufig nicht abfallen, sondern an der reifen Frucht persistieren, wird dieses Merkmal dort nur selten verwendet, obwohl es im Prinzip genau so anwendbar ist.

11 (6) PerigonBlätter > 4 cm lang 12
11* PerigonBlätter < 3 cm lang 14

Hier bitte mit Hilfe des Maßstabes im Buchumschlag nachmessen. Starke Längenunterschiede zwischen verschiedenen Blüten sind häufig. Die Tulpenblüte öffnet sich durch Wachstum auf der Innenseite der Kronblattbasis und schließt sich durch Wachstum auf der Außenseite der Kronblattbasis. Bei täglicher Öffnungs- und Schließbewegung können die Perigonblätter während der Blütezeit über 2 cm länger werden.

12 Griffel sehr kurz, Narbe fast sitzend. Blüten einzeln, aufrecht.
Tulpe – Túlipa S 505
12* Griffel lang. Stängel mehrblütig oder mit 1 hängenden Blüte 13

Anhand des kurzen Griffels und der einzelnen, aufrechten Blüte gelangt man zu *Tulipa* und fährt auf Seite 505 mit der Bestimmung fort. Anhand der kahlen Staubfäden erkennt man sofort die Garten-Tulpe.

1 Blätter breit linealisch, flach. PerigonBlätter spitz, innere wie die Staubfäden am Grund behaart, gelb. 0,20–045. ⅂ 4–5. Weinberge, verwilderte Obstgärten, feuchte Wälder, basenhold; (A) z NW-Ba Bw Th S-An SO-Ns Sh, s Rh W- u. N-We He Sa NO-An S- u. O-Br N-Ns NW-Me (m-stemp-subozEUR – V Fum.-Euph., V Alliar. – alte Zierpflanze – ▽).
Wilde T. – T. sylvéstris L.
1* Blätter lanzettlich, am Rand wellig. PerigonBlätter stumpf, wie die Staubfäden kahl, verschiedenfarbig. 0,30–0,60. ⅂ 4–5. Zierpflanze, auch (U) s (Bastard aus westasiatischen Arten – giftig!).
Garten-T. – T. gesneriána L.

Mit „verschiedenfarbig" ist nicht gemeint, dass eine Blüte bunt sei, sondern dass es einfarbige Blüten in mehreren Farben gibt. Natürlich ist auch die Wilde Tulpe giftig, aber wegen der Seltenheit und der sehr kleinen Zwiebeln kommen Vergiftungen praktisch nie vor. Hinter den vielen Abkürzungen verbergen sich Häufigkeits- und Verbreitungsangaben, die in der vorderen Umschlagseite des Buches nachgesehen werden können. In der Klammer wird das Areal (Verbreitungsgebiet) der Art sowie ihre Vergesellschaftung, das heißt mit welchen anderen Arten sie zusammen vorkommt, beschrieben.

Das sind weitere wichtige Kontrollmöglichkeiten. Wenn die Ökologie und der Fundort gar nicht zu den Angaben passen und man im Bestimmungsgang womöglich auch schon Zweifel hatte, ist die Wahrscheinlichkeit eines Bestimmungsfehlers groß. Passt alles gut zusammen, ist das eine weitere gute Bestätigung.

In der Praxis ist es nützlich, sich den Bestimmungsgang als Zahlenfolge zu notieren:

1* 2* 3 → Tab. III 1* 2* 19* 22* 23* 25* 27* 29* 33 34* → Liliaceae 1* 2* 3* 4* 6* 11 12 → *Tulipa* 1* → Garten-Tulpe

Mit dieser Zahlenkette kann man nachträglich Fehler suchen, eventuell auch mit der Hilfe von anderen, die schon bestimmen können. Hat man dagegen nur das falsche Ergebnis, ist die Ursachenermittlung manchmal schwierig, insbesondere dann, wenn ein bestimmtes Ziel auf unterschiedlichen Wegen erreicht werden kann.

Bestimmung mit der Pflanzensoziologischen Exkursionsflora für Deutschland und angrenzende Gebiete (OBERDORFER 2001)

Mit der „Pflanzensoziologischen Exkursionsflora für Deutschland und angrenzende Gebiete" (8. Aufl., OBERDORFER 2001) stellt sich der Bestimmungsgang wie folgt dar:

Die Bestimmung beginnt mit einer Übersicht über „Das System der Pflanzen" (S. 61). Wichtiger Unterschied zum „ROTHMALER" ist, dass alles, was zur ersten Alternative passt, zwischen der ersten und der zweiten Alternative steht. Die beiden Alternativen können also unter Umständen mehrere Seiten voneinander getrennt sein. Auf keinen Fall sollte dies dazu verleiten, auf das Lesen der Alternative zu verzichten!

1 Pflanze ohne Blüten und Früchte, mit Sporenbehältern oder Sporenkapseln und Sporen.   Kryptogamen, Sporenpflanzen
1* Pflanze Mit echten Blüten, d. h. mit Staubblättern und Samenanlagen
   Abteilung Spermatophyta (Phanerogamen)
   Samen- oder Blütenpflanzen S. 89

Da die Tulpe richtige Samenanlagen und Samen ausbildet, geht es bei 1* weiter. Auch hier wird deutlich, dass es ohne gewisse Mindestkenntnisse im Aufbau der Pflanzen nicht geht. Von 1* wird irrtümlich direkt auf S. 89 weiter

verwiesen. Es muss aber hier im Bestimmungsgang fortgefahren werden.

4 Samenanlagen unter offenen Fruchtblättern, die in Zapfen angeordnet, meist zu holzigen Schuppen auswachsen (Tannenzapfen), seltener zu Scheinbeeren (Wacholder, Eibe), harzführende Holzgewächse mit vorwiegend nadeligen Blättern (Ausnahme Ginkgo) und unverzweigten oder gabelig verzweigten Blattnerven
   Unterabteilung Gymnospermae
   (Klassen: Pinopsida und Ginkgoopsida)
   Nacktsamige Pflanzen S. 89
4* Samenanlagen von einem Fruchtknoten umschlossen, der zu einer Frucht auswächst, holzige und krautige Pflanzen mit Blüten oder Blütenkätzchen und grasförmigen oder breiten Blättern
   Unterabteilung Angiospermae
   (Magnoliophytina)
   Eigentliche Blütenpflanzen,
   Bedecktsamige Pflanzen S. 98
   Wie unter 1* darf auch hier unter keinen Umständen dem Verweis auf S. 98 gefolgt werden. Die Bestimmung muß mit 5/5* fortgesetzt werden.

Die Trennung in Nacktsamer und Bedecktsamer wird hier anhand des systematisch entscheidenden Merkmals vorgenommen. Da dieses praktisch nicht das am einfachsten zugängliche ist, geht es an dieser Stelle mehr darum, Bescheid zu wissen als wirklich bestimmen zu können.

5 Keimpflanzen mit einem Keimblatt, Blätter meist streifennervig-ganzrandig [Ausnahmen Paris mit quirlständigen Blättern und grüner mittelständiger Blüte (S 137)], Tamus mit windendem Stängel (S. 140), einige Araceen mit Blütenkolben (S. 118), sowie die freischwimmenden Wasserlinsen, (Lemnaceae, S. 119). Blütenblattkreis meist 3zählig (Ausnahmen: Paris, Potamogeton, Maianthemum). Leitbündel im Stängelquerschnitt zerstreut
   Klasse Monocotyledoneae (Liliopsida)
   Einkeimblättrige S. 98
5* Keimpflanze mit 2 Keimblättern, Blätter meist netznervig [Ausnahmen z.B. Gentiana (S. 753), Plantago (S. 871) usw.], Blütenblattkreis meist 4- bis 5zählig, Leit-

bündel kreisförmig angeordnet
                        Klasse Dicotyledoneae
              (Magnoliopsida und Rosopsida)
                   Zweikeimblättrige S. 286

Wie in fast allen Bestimmungsbüchern wird zur Unterscheidung von Monocotyledonen und Dicotyledonen die Zahl der Keimblätter verwendet, obwohl man diese in der Praxis fast nie vorliegen hat. Die Kombination aus dreizähligen Blütenwirteln und paralleler Nervatur der Blätter ist aber in Mitteleuropa ein sicheres Merkmal für Monocotyledonen. Die drei im Schlüssel angegebenen Ausnahmen (*Paris, Potamogeton, Maianthemum*) muss man eben ggf. anhand von Abbildungen (z.B. HAEUPLER & MUER 2000 oder www.floraweb.de) kennenlernen.

Die Bestimmung wird jetzt auf S. 98 fortgesetzt und verläuft weitgehend auf der Basis derselben Merkmale wie in anderen Bestimmungsbüchern.

1 Blüten unscheinbar, grünlich oder spelzenförmig, nicht deutlich blumenartig oder wenn trockenhäutig nicht sternförmig, Blütenstände oft kugelig, walzlich oder an gefärbten Kolben (1* vgl. S. 99 oben)
1* Blüten deutlich blumenartig oder wenn trockenhäutig und spelzenartig doch deutlich sternförmig, mit 3- oder 6teiligen Blüten und 3teiligen Früchten

Die 1* kommt erst auf S. 99 oben! Schaut man die Gattungen zwischen 1 und 1* an, dann lernt man gleich, welche Gruppen alle wie unter 1 beschrieben aussehen. Kennt man davon schon einige, kann man daraus auch schließen, was mit der in einer Frage angegebenen Beschreibung genau gemeint ist. Das hilft vor allem, wenn man sich mit Floren in fremden Sprachen auseinandersetzen muss.

12 Blütenblätter klein (wenige mm), grünlich oder trockenhäutig. spelzenartig, Kelch und Blütenblätter meist nicht unterscheidbar, Pflanze gras- oder binsenartig
12* Blüten meist ansehnlich, bunt, Blätter breiter, wenn schmal, dann nicht binsenförmig oder schlaff-grasartig-behaart
15 Fruchtknoten oberständig (vgl. Abb. 27, S. 288)
15* Fruchtknoten unterständig
16 Blüte deutlich in Kelch und Krone geschieden, Kronblätter 3

16* Äußerer und innerer Blütenblattkreis gleichartig entwickelt, Blüte 6teilig
18 Staubblätter 9, Fruchtknoten 6, Blüten rötlich-weiß, Blütenstände doldig, Blätter grasartig rinnig. Pflanze meist untergetaucht wurzelnd, 50–150 cm, ausdauernd, 6–8   Butomaceae (Butomus) S. 112
18* Staubblätter meist 6 (nie 9), Fruchtknoten 1, Blätter oft quirlig breit, grasartig oder schwertförmig-2zeilig, keine untergetaucht wurzelnde Wasserpflanze Liliaceae S. 120
Blätter netzadrig vgl.
                        Trilliaceae S. 137

Hinter der Frage 18* ist hier eine weitere Aufteilung verborgen. In manchen Büchern wird das durch Anfügen einer dritten Frage (18**) verdeutlicht. Die zwei verschiedenen Seitenverweise (S. 120 und S. 137) machen dies aber auch so klar. Durch manche im Verzeichnis der Abkürzungen nicht enthaltene Abbreviationen („wurzld" oder „wurzlde" für „wurzelnd" und „wurzelnde") darf man sich nicht stören lassen, sie bedeuten immer das, was man auch ohne Verzeichnis sowieso vermutet. Es geht also weiter auf S. 120 bei der Ordnung Liliales.

1 Pflanze zur Blütezeit (im Herbst) ohne Blätter, diese (dunkelgrün) erst mit Fruchtkapsel im Frühjahr erscheinend, Blüten blaßviolett mit bleicher Röhre, 5–20 cm, ausdauernd, 8–10 (selten 4–5)
                        Colchicum S. 123
1* Pflanze zur Blütezeit mit Blättern
2 Blätter fein nadelförmig (Scheinblätter), an reich verzweigten Sprossen, 30–120 cm, ausdauernd, 6–7   Asparagus S. 136
2* Blätter nicht nadelförmig, mit deutlicher, wenn auch oft grasartiger. Spreite, 2–8 mm breit
3 Blütenstände ± dicht, kugelig, in Dolden, vor der Blütezeit von einer Hülle umschlossen, oft mit Brutzwiebeln, Blätter flach lineal (grasartig) oder elliptisch-lanzettlich, auch röhrig, immer mit Lauchgeruch   Allium S. 126
3* Blüten in Trauben oder in lockeren, armblütigen Dolden (dann ohne Brutzwiebeln und ohne umschließende Hülle), Blätter ohne Lauchgeruch

Bei der Tulpe sind die Blüten einzeln, und wenn man die Alternativen 3 und 3* anschaut, dann fällt auf, dass einzelne Blüten im Schlüssel nicht vorgesehen sind. So etwas kann zwei Ursachen haben. Entweder man ist bereits an einer falschen Stelle oder die Einzelblüten sind im Schlüssel einfach vergessen worden. Kommt so etwas vor, so bestimmt man zunächst mit der Alternative weiter, die besser passt. Wird es dann immer noch weniger passend, war man meist schon falsch, geht es problemlos weiter, war man vermutlich richtig. Hier ist es richtig, zu 4 weiterzugehen.

4   Blütenstände blattlos oder höchstens mit kleinen häutigen schuppenförmigen Hochblättern, Blätter grundständig
4* Blütenstände beblättert oder mit größeren laubartigen Hochblättern

Sieht man von der bis nahe der Unlesbarkeit getriebene Abkürzungsmanie ab, ist es hier einfach. „Blütenstände blattlos" ist falsch, es geht wegen der 1 oder 2 Blätter am Stängel bei „Blütenstände beblättert oder mit größerem laubartigen Hochblatt" weiter. Die Frage macht aber deutlich, dass das Bestimmen mit zu kleinen Teilen der Pflanze nicht funktioniert. Hätte man den Blütenstiel oberhalb des letzten Blattes abgeschnitten, würde die Frage falsch beantwortet werden!

11 Blätter netzadrig, eiförmig in einem 4(–5)teiligen Quirl, in dessen Mitte eine grünliche Blüte mit 8(–12) Blütenblättern und 8 Staubblättern sitzt, Frucht blaue Beere, 10–30 cm, ausdauernd, 5
    Paris (Trilliaceae) S. 137
11* Blätter nicht netzadrig, wechselständig, rosettig oder in mehrfachen Quirlen übereinander, Staubblätter 4 oder 6

Hier wird noch einmal die Einbeere (*Paris*) ausgeschlüsselt, gegen die wir uns schon auf S. 61 Frage 5 ausgesprochen hatten. Dieses Vorgehen ist wichtig, da Leute, die sich bereits auskennen, eventuell gleich auf S. 120 mit dem Schlüssel für Liliaceae beginnen.

12 Blüten 3–10 cm lang
12* Blüten 0,5–2,5 cm lang

Bitte messen und dazu geöffnete Blüten und keine Knospen verwenden! Auch im „Oberdorfer" ist wie in jedem guten Bestimmungsbuch ein Maßstab eingedruckt. Er befindet sich auf der hinteren Einband-Innenseite!

13 Blütenblätter verwachsen, Blüte trichterförmig, Blätter zahlreich in einer Rosette, vgl. unter 5   **Hemerocallis** S. 124
13* Blütenblätter frei, Zwiebelpflanzen

Hemerocallis (Taglilie) wurde schon einmal beim Weitergehen von Frage 4 auf Frage 4* umgangen. Da einzelne Arten der Taglilie auch ein laubiges Stängelblatt haben können, taucht sie hier ein zweites Mal auf. Variabilität in Merkmalen, die zur Bestimmung benutzt werden, bedeutet fast immer mehrfaches Auftauchen eines Taxons im Schlüssel.

14 Stängelblätter 1–5
14* Stängelblätter mehr als 5. Blütenstände traubig. Blüten hellpurpur oder orange (auch weiß), Narbe 3kantig **Lilium** S. 131 Blüten in quirlförmiger Dolde hängend, Narbe 3spaltig. vgl.
    Fritillaria S. 131

Im Buch fehlt bei 14* das Sternchen, was aber zu keinen Fehlern bei der Bestimmung führt.
    Hier tritt zum zweiten Mal eine nicht mit Nummer versehene Alternative auf! Diese Vorgehensweise macht Schlüssel kürzer und damit sicherer in der Bestimmung, St. b. bedeutet Stängelblätter und nicht etwa Staubblätter! Bitte Abkürzungen lieber einmal zu oft nachsehen, sie werden in verschiedenen Büchern auch in unterschiedlichem Sinn verwendet.

15 Blüten gelb (außen grünlich), zuerst nickend, dann aufrecht, Stängelblätter 2–3 und 1–2 cm breit, 20–40 cm, ausdauernd, 4–5   **Tulipa** S. 132
15* Blüten braunrot, Stängelblätter 4–5, lineal, rinnig, graugrün, Blü. 1 (selten 2–3), glockig, nickend, 15–30 cm, ausdauernd, 4–5
    Fritillaria S. 131

Weil der „Oberdorfer" nur Wildpflanzen enthält, nicht aber die vielen kultivierten und seltener auch einmal vorübergehend ausgewilderten Zierpflanzen, kommt man jetzt mit roten Tulpen nicht mehr weiter, denn die einzige wild vorkommende Art ist gelbblütig. Auf Seite 132 wird dann die Garten-Tulpe (*T. gesneriana*) doch noch genannt, leider wurden ihre Merkmale bei 15 vergessen.
    Wichtiger ist aber, dass für die wild vorkommenden Arten sehr gute ökologische und pflanzensoziologische Charakterisierungen gegeben werden, die man hier exemplarisch unter *T. sylvestris* nachlesen kann. Hier findet man

kurze und gut verständliche Angaben, wo man die Art finden kann (ökologische Angabe, „in Weinbergen ….. auf warm. mäß. frisch., nährstoff- u. basenreiche., tiefgründg., locker. Lehm- od. Kalkstein-Böden …..) und mit welchen anderen Arten sie zusammen vorkommt (meist mit *Muscari* od. *Ficaria, Ornithogalum ….*) Für den Kenner wird diese Angabe noch durch Pflanzensoziologische Termini ("Geranio-Allietum„) ergänzt. Was zu diesen Assozitionen dazugehört, ist in einer sehr kurzen Übersicht wenigstens teilweise auf den Seiten 23–52 in Erfahrung zu bringen. Zuletzt folgt eine geografische Angabe des Verbreitungsgebietes ("v. all. süHü, ferner nöHü …. Ne, Mn …. ……). Die Bedeutung der Abkürzungen findet man auf der hinteren Einbandinnenseite.

Diese Angaben sind eine ausgezeichnete Kontrolle des Bestimmungsergebnisses. Vereinzelt kommen natürlich immer Arten auch an Standorten vor, wo man sie eher nicht erwartet hätte. Ergibt das Bestimmungsergebnis aber eine Strandpflanze und man befindet sich gerade im Hochgebirge, ist eine nochmalige Überprüfung angesagt. Bei der Benutzung des Bestimmungsbuches im Gelände kann man auch versuchen, die genannten Arten ebenfalls zu finden und kennen zu lernen. Auf diese Weise kann man sich über die reine Artenkenntnis hinausgehende ökologische Kenntnisse aneignen.

7.1.3 Welches Bestimmungsbuch ist geeignet?

Einmal am Ziel angekommen, ist es vielleicht auch nützlich, sich weitere Gedanken über die Anforderungen an einen guten Schlüssel und an gutes Bestimmen zu machen. Nehmen wir an, wir würden bei 90 % aller Fragenpaare die richtige Entscheidung treffen. Das wirkt auf den ersten Blick gut. Die Wahrscheinlichkeit, dass wir noch richtig sind, ist dann aber nach dem ersten Schritt 0,9, nach dem zweiten noch $0,9^2$ und so weiter. Nach der 7. Frage ist die rechnerische Wahrscheinlichkeit, dass man noch richtig ist 0,48 und man ist also eher falsch als noch richtig. Darauf reagieren Bestimmungsschlüssel in zweierlei Weise. Zum einen werden die Gegensätze so formuliert, dass man möglichst keine Fehler macht. Zum anderen versucht man, Arten die häufig bestimmt werden, früh auszuschlüsseln und solche die selten bestimmt werden, erst spät auszuschlüsseln. Ein Bestimmungsbuch, das sich an einen fortgeschrittenen Pflanzenkenner wendet, wird häufige Arten wie Gänseblümchen oder Löwenzahn spät (am Ende eines langen Weges) ausschlüsseln, denn der Fortgeschrittene kennt diese Arten. Der Anfänger wird dagegen das, was er häufig sieht, kennen lernen wollen. Was der Fortgeschrittene bestimmen möchte, das findet der Anfänger in der Regel gar nicht. Für den Anfänger werden häufige Arten deswegen früh ausgeschlüsselt. Aus diesen Gründen ist es nicht sinnvoll, als Anfänger mit „kritischen Ausgaben" oder anderer Spezial-Bestimmungsliteratur zu arbeiten. Man sollte deshalb zu einem dem eigenen Vorwissen entsprechenden Bestimmungsbuch greifen.

7.2 Anleitung zum Anlegen eines Herbariums

Sicheres Bestimmen wird durch Übung und Artenkenntnis erleichtert (was man richtig kennt, bestimmt man nicht falsch!). Als Lernhilfe für eine bessere Artenkenntnis eignen sich Fotografien oder (am besten selbst angefertigte) Zeichnungen. Weitere Möglichkeiten zur Verbesserung der Artenkenntnis bieten neben eigenen oder geleiteten Exkursionen auch Besuche im Botanischen Garten und das Anlegen eines Herbars, das auch zur Kontrolle nach einem Bestimmungsgang immer wieder herangezogen werden kann.

7.2.1 Zweck eines Herbariums

Das Anlegen eines eigenen Herbars eignet sich ausgezeichnet, um Pflanzen besser kennen zu lernen. So wie man kaum einen Philatelisten findet, der nicht zugleich auch leidenschaftlicher Briefmarkensammler ist, und keinen Eisenbahnfreund, der nicht wenigstens Bilder (wenn schon keine Modelle) von Lokomotiven sammelt, so haben sich die meisten guten Pflanzenkenner ein eigenes Herbar angelegt.

Ein wissenschaftliches Herbarium ist eine Dokumentationssammlung gepresster und getrockneter Pflanzen. Auch das Gebäude oder die Institution für die Aufbewahrung der getrockneten Herbarbelege wird Herbarium genannt. Der Herbarbeleg dient als Beweis, dass die untersuchte Pflanze auch tatsächlich zu der in einer pflanzensoziologischen Liste, rasterelektronenmikroskopischen, molekulargenetischen, taxonomischen oder sonstigen wissenschaftlichen Arbeit angegebenen Art gehört. Die Dokumentation durch einen Herbarbeleg gehört somit für viele botanische Arbeiten zu den methodischen Grundlagen und ist die Voraussetzung für die Reproduzierbarkeit von wissenschaftlichen Ergebnissen und damit für deren Wert. Solche Belege sollen daher in einem botanischen Museum zugänglich gemacht werden. Alle institutionalisierten Herbarien der Welt sind dazu in einem „Index Herbariorum" aufgelistet und stehen für einen internationalen wissenschaftlichen Leihverkehr von Herbarbelegen zur Verfügung. Die größten Herbarien verwahren jeweils 5 bis 10 Millionen Belege. In der Funktion als Beweisstücke sind Herbarbelege grundsätzlich nicht durch Fotos oder Zeichnungen ersetzbar.

7.2.2 Sammeln

Beim Sammeln sind die Naturschutzbestimmungen unbedingt zu beachten. In Naturschutzgebieten darf überhaupt nicht (bzw. nur mit schriftlicher Genehmigung der zuständigen Behörde) gesammelt werden. Auch außerhalb der Schutzgebiete sollte man nicht nur die gesetzlich geschützten, sondern alle im Gebiet seltenen Arten vom Sammeln ausnehmen. Im ROTHMALER sind die geschützten Arten durch ein stehendes Dreieck (▽) gekennzeichnet.

Die Pflanzen sind immer möglichst vollständig zu sammeln. Alle zum Erkennen wesentlichen Merkmale (z. B. Grundblätter bei *Ranunculus*, Früchte bei Apiaceae usw.) müssen vorhanden sein, alle zum Bestimmen üblicherweise verwendeten Merkmale sollten vorhanden sein. Das bedeutet, dass für einwandfreies Sammeln entsprechende Vorkenntnisse erforderlich sind, insbesondere wenn, wie bei Bäumen, nur ein kleiner Teil der Pflanze auf dem Herbarbogen Platz finden kann. Sofort beim Sammeln müssen alle Daten protokolliert werden, die später am Beleg selbst nicht erkennbar sind. Das sind zunächst das Sammeldatum und die Funddaten. Hierzu gehören der Fundort (geografische Angabe, dient dem Wiederauffinden der Fundstelle, hierzu auch besonders im Gebirge die Höhenangabe), der

Standort (ökologische Beschreibung der Fundstelle wie Pflanzengesellschaft, Begleitpflanzen, Bodenart, bei Parasiten die Wirtspflanze usw.). Auch die Pflanze selbst zeigt Merkmale, die beim Herbarisieren verloren gehen können, zum Beispiel ein auffälliger Geruch, die Blütenfarbe oder die Größe (falls nur ein Teil herbarisiert wird). Damit die Zuordnung von Protokollnotiz und Pflanze sicher funktioniert, müssen die Pflanzen sofort beim Sammeln mit einer Nummer versehen werden, die an der Pflanze befestigt wird. Entsprechend wird das Protokoll durchnummeriert. Bei professionellen Sammlern hat das Protokoll die Form eines gebundenen, tagebuchartigen Berichtes und wird Herbarjournal genannt. Die eindeutige Kennzeichnung eines Beleges besteht aus dem Namen des Sammlers und der von ihm vergebenen Sammelnummer. Diese Kombination soll als Primärschlüssel oder „unique object identifier" im Sinne der Informationstheorie verwendet werden können, was zumindest voraussetzt, dass jeder Sammler jede Nummer nur ein einziges Mal in seinem Leben vergibt.

Zur Sammelausrüstung gehört ein kräftiges Messer oder ein Unkrautstecher, eine Sammeltüte aus Plastik (ersetzt die „Botanisiertrommel" früherer Tage, in der Pflanzen allerdings besser gegen Beschädigung geschützt waren und die sich deshalb auch für Pilze eignete), ein Notizblock, Bleistift und die Lupe. Weiterhin wird eine Pflanzenpresse benötigt, die ungefähr das Format Din A3 haben sollte, deren Größe sich aber mit Vorteil am Format der verfügbaren Zeitungen orientiert, da sonst die Zeitungen erst auf das Format der Presse zugeschnitten werden müssen. Als Pressen genügen notfalls feste Kartons, besser sind Sperrholzplatten oder Drahtgitterpressen.

7.2.3 Trocknen

Das **Einlegen in die Pflanzenpresse** muss bei empfindlichen Arten sofort an Ort und Stelle im Gelände erfolgen. Weniger empfindliche Arten können in geschlossenen Plastikbeuteln länger frisch gehalten werden. Besonders robuste Arten (Crassulaceae) wachsen auch in der Herbarpresse weiter (Etiolierung!) und werden völlig unbrauchbar, wenn sie nicht vor dem Pressen in heißem Wasser, mit Mikrowelle oder Alkohol abgetötet werden.

Das **Pressen** selbst dient dazu, die Pflanzen

in einer möglichst zweidimensionalen Stellung zu trocknen. Sie können dann platzsparend aufbewahrt werden, ohne dass weitere Veränderungen im Lauf der Zeit zu erwarten sind. Das **Trocknen** sollte möglichst rasch erfolgen, um zu verhindern, dass die Pflanzen verschimmeln oder sich mehr als unvermeidbar verfärben. Dazu werden die Pflanzen zwischen Zeitungspapier gelegt und so ausgebreitet, dass sich möglichst wenige Teile gegenseitig überdecken und alle wesentlichen Details erkennbar sind. Längere Stängel nicht abschneiden, sondern im Zick-Zack knicken. Zweifel, ob alle Teile von derselben Pflanze (Art?) stammen, sind dann ausgeschlossen. Dicke Achsen, Rhizome und Knollen werden zweckmäßigerweise halbiert. Manche Organe (fleischige Früchte wie z. B. Tomaten) und Taxa (Palmen wegen der riesigen Blätter, Kakteen wegen der sukkulenten Achsen) lassen sich kaum vernünftig herbarisieren. Der Mangel an Belegmaterial ist hier vielfach eine der Ursachen für die mangelhafte systematische Bearbeitung.

Zwischen den einzelnen Pflanzen muss in der Presse soviel Zeitungspapier sein, dass das Wasser vollständig vom Papier aufgenommen werden kann und sich die Strukturen einzelner Pflanzen nicht auf andere abdrücken. Je nach Wassergehalt der Pflanzen muss noch am selben Tag oder nach ein bis zwei Tagen das Papier gewechselt werden. Der Vorgang muss bei sehr nassen Pflanzen (z. B. Wasserpflanzen) unter Umständen mehrfach wiederholt werden, bei sehr trockenen (z. B. Gräsern), kann er eventuell sogar ganz entfallen. Beim Wechsel des Papiers ist zu beachten, dass die Nummern nicht verlorengehen. Die verbreitete Unsitte, die Nummer auf die Zeitung zu schreiben statt sie an der Pflanze zu befestigen, führt hier rasch zu totalem Durcheinander, vor allem wenn Zeitungen getrocknet und mehrfach verwendet werden, wie das auf Sammelreisen in entlegene Gebiete notwendig werden kann.

Zu hoher Pressdruck führt zum Zerquetschen empfindlicher Teile und verlangsamt den Trocknungsvorgang durch unnötige Behinderung der Luftzirkulation, bei zu schwachem Druck kräuseln sich die Blätter. Ein einfaches Schnelltrockenverfahren mit Wellpappen als Zwischenlage und einem 100-Watt-Infrarot-Strahler als Wärmequelle beschreibt WEBER (1977). Die Abb. 60 zeigt die wichtigsten Schritte bei der Herbarisierung von Pflanzen.

7.2.4 Etikettierung

Erst durch eine vollständige Etikettierung wird der Herbarbeleg zu einem wissenschaftlichen Dokument, ohne sie ist er Heu und bestenfalls Viehfutter. Die Minimaletikettierung umfasst alle beim Sammeln erhobenen Daten sowie den Namen des Sammlers. Die Angabe des Fundortes ist für internationale Anforderungen zu ergänzen (Westfalen ist z. B. in Atlanten vielfach nicht zu finden, hingegen das Bundesland Nordrhein-Westfalen; Ausländer können mit Abkürzungen nichts anfangen und sind für die Angabe dankbar, dass Westfalen in Deutschland liegt). Dazu kommt noch die Bestimmung, das heißt der Artname mit Autor sowie der Name der Familie (die Archivierung in Museen erfolgt meist entweder systematisch oder alphabetisch nach Familie und Art!). Aus dem Etikett muss hervorgehen, wer den Beleg gesammelt hat (gekennzeichnet mit leg. = legit, hat gesammelt) und wer ihn bestimmt hat (det. = determinavit, hat bestimmt).

Die Angabe einer Bestimmung darf nicht überklebt oder anderweitig abgeändert werden, auch nicht durch den Bestimmer selbst. Hierzu sind zusätzliche, so genannte Revisionsetiketten am Herbarbogen anzubringen und mit der neuen Bestimmung, dem Datum der Bestimmung und dem Namen des Bestimmers zu versehen. Bei revidierten Bestimmungen wird häufig statt des Kürzels „det." das Kürzel „rev." (revised by) verwendet. Wird eine Bestimmung bestätigt (wichtig, um zu dokumentieren, dass ein Spezialist oder jemand, der sich dafür hält, zum gleichen Ergebnis kommt), so wird ein Zettel mit dem Vermerk „teste" und dem Namen von Pflanze und Nachbestimmer angebracht. Ein Standardetikett kann zum Beispiel folgendermaßen aussehen:

Die Sammelnummer ist dabei zu unterscheiden von der Herbarnummer. Die Herbarnummer ist eine fortlaufende Nummerierung der entsprechenden Institution. Sie ist erforderlich, da es leider Sammler gibt, die keine Nummern vergeben oder mehrfach die gleichen Nummern verwenden. Die Kuratoren der botanischen Museen müssen daher eine eigene eindeutige Kennung jedes einzelnen Beleges einführen. Bei privaten Herbarien sollte klar erkennbar sein, ob es sich um eine Sammelnummer handelt (der Besitzer mithin auch Sammler gewesen ist), oder um eine Herbar-

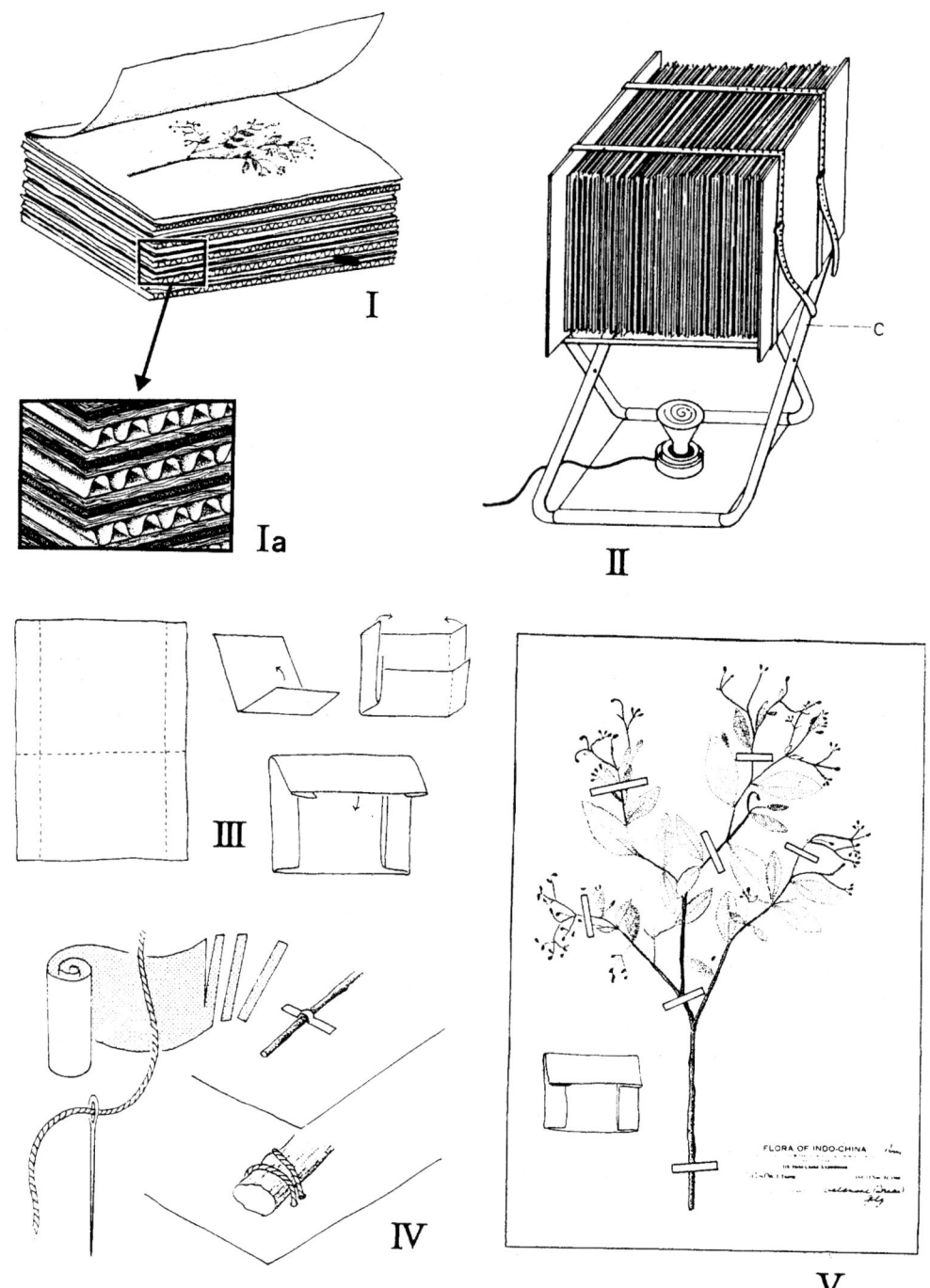

I

Ia

II

   c

III

IV

V

Abb. 60: Herbartechnik.
I – Einlegen der Pflanzen unter Verwendung von Zwischenlagen aus Wellpappe; **II** – Trocknen der Pflanzen in geschlossener Pflanzenpresse über einer Wärmelampe (Elstein-Infrarotstrahler 100 W, c Campingstuhl, auf dem Kopf stehend); **III** – Falten von Papiertaschen für kleine Pflanzenteile; **IV** – Befestigung der getrockneten Pflanzen auf dem Herbarbogen mittels Nadel und Faden oder Klebestreifen; **V** – Herbarbogen (Etikett siehe Abb. 62); aus Weberling & Stützel 1993 und Weber 1977.

nummer, also eine fortlaufende Nummerierung, die auch fremde Belege einschließt. Ist der Sammler zugleich der Bestimmer, können beide Zeilen zusammengefasst werden (leg. & det.: ...).

Die getrockneten Pflanzen können lose in einem Doppelbogen aufbewahrt werden. Da dabei die Gefahr von Zettelverwechselungen besonders groß ist, sollten die Exsikkate (= getrocknete Pflanzen) auf einen Karton oder festes Papier zusammen mit dem Etikett aufgeklebt werden. Das Format sollte mindestens A4, höchstens A3 betragen. Das Etikett wird in die untere rechte Ecke des Bogens geklebt. Die Pflanze wird zweckmäßigerweise mit gummierten Papierstreifen aufgeklebt, da sie so durch einfaches Anfeuchten der Streifen auch wieder abgelöst werden kann. Tesa-Film oder vergleichbare Streifen sind nicht erlaubt, da sie einerseits nicht ohne weiteres ablösbar sind, andererseits manchmal von selbst abfallen.

Das Überkleben von Herbarmaterial mit selbstklebender transparenter Folie ist grundsätzlich unzulässig und auch überflüssig. Bei Studienherbarien kann jedoch zum Teil auf dieses Verfahren wegen der abnorm hohen Benutzungsfrequenz nicht verzichtet werden.

7.2.5 Untersuchen von Herbarmaterial

Herbarbögen dürfen nicht wie Buchseiten umgeblättert werden. Sie müssen stets mit der Pflanze nach oben abgelegt werden. Faszikel

---

Herbarium von N. O. Body Nr. 007
Flora von Deutschland

Familie: *Artificaceae*
Name: *Schmeissweggia mirabilis* D. Epp
Deutscher Name: *Wunderliches Wegwerf-blümchen*

Fundort: *Bochum-Querenburg, Kalwes*
Standort: *bodensauer Buchenwald auf Karbon-sandstein, ca. 140 m ü. N.N.*

Datum: *29. 2. 1994*
leg.: *A. N. Other Nummer: 314*
det.: *A. U. F. Schneider*

Abb. 61: Muster eines Herbaretikettes.
Die Anordnung der einzelnen Angaben kann variieren, die Angaben sollten jedoch alle vorhanden sein; lediglich die Kopfzeile ("Herbarium N. O. Body Nr ...") ist bei selbst gesammelten Privatherbarien überflüssig.

(Stöße von Herbarbögen) dürfen auf keinen Fall senkrecht gestellt werden. Wenn wichtige Teile nicht oder nicht richtig erkennbar sind, kann die Pflanze mit Wasser (dem etwas Detergens zugesetzt sein sollte) aufgeweicht werden. Keinesfalls sollen trockene Teile mechanisch bewegt werden, da der Beleg dadurch leicht beschädigt wird. Müssen Teile von der Pflanze abgenommen werden, werden sie separat auf den Bogen hinzugeklebt oder in einer „Kapsel" (gefaltete Papiertüte) auf dem Bogen befestigt. Sehr wertvolles Material (Belegmaterial zu wichtigen Arbeiten sowie nomenklatorische Typen) werden nur an die Leiter von ausgewiesenen Forschungseinrichtungen verliehen, und es dürfen keine Teile entnommen oder beschädigt werden.

Einen vollständigen Überblick über die Herbartechnik gibt „The Herbarium Handbook" (BRIDSON & FOREMAN 1998, 3. Aufl.).

Literaturverzeichnis

Systematik, Morphologie, Blütenökologie

CRONQUIST, A. 1981: An integrated system of classification of flowering plants. New York: Columbia Univ Press.

DAHLGREN, R. T. M., CLIFFORD, H. T. & YEO, P. F. 1984: The families of the monocotyledons. Berlin, Heidelberg, New York, Tokyo: Springer.

EICHLER, A. W. 1875: Blüthendiagramme. (unveränd. lizensierter Nachdruck). Eppenheim: Otto Koeltz.

ENGLER, A. 1954–1964: Syllabus der Pflanzenfamilien Bd. 1 u. 2.11. U. 12 Aufl. Berlin: Gebrüder Borntraeger.

FAEGRI, K. & PILL, L. van der 1966: The principles of pollination ecology. Oxford: Pergamon Press.

FARJON, A. 1998: World checklist and bibliography of Conifers. Royal Botanic Gardens, Kew.

FRANKE, W. 1985: Nutzpflanzenkunde. Nutzbare Gewächse der gemäßigten Breiten, Subtropen und Tropen. 3. Aufl. Stuttgart, New York: Thieme.

FROHNE, D. & JENSEN, J. 1992: Systematik des Pflanzenreiches unter besonderer Berücksichtigung chemischer Merkmale und pflanzlicher Drogen. 4. Aufl. New York: Fischer.

GREUTER, W. et al. 2000: International Code of Botanical Nomenclature (Saint Louis Code) adopted by the 16th International Botanical Congress St. Louis, Missourie, July–August 1999. Publ. 2000. Königstein: Koeltz Scientific Books.

HENNIG, W. 1982: Phylogenetische Systematik. Berlin, Hamburg: Parey (Pareys Studientexte Nr. 34).

HENNIG, W. 1984: Aufgaben und Probleme stammesgeschichtlicher Forschung. Berlin, Hamburg: Parey (Pareys Studientexte Nr. 35).

HESS, D. 1990: Die Blüte. Eine Einführung in Struktur und Funktion, Ökologie und Evolution der Blüten. 2. Aufl. Stuttgart: Ulmer.

HEYWOOD, V. H. (Hrsg.) 1982: Blütenpflanzen der Welt. Basel: Birkhäuser. (Übersetzung der englischen Ausgabe von 1978, mit vielen Farbtafeln).

HUBER, H. 1991: Angiospermen: Leitfaden durch die Ordnungen und Familien der Bedecktsamer. Stuttgart, New York: Fischer.

JACOB, F, JÄGER, E. J. & OHMANN, E. 1994: Botanik, 4. Aufl. Jena: Fischer (UTB).

KIRCHER, P. 1986: Untersuchungen zur Blüten- und Infloreszenzmorphologie, Embryologie und Systematik der Restionaceae im Vergleich mit Gramineen und verwandten Familien. Diss. Bot. 94.

KUGLER, H. 1970: Blütenökologie. 2. Aufl. Stuttgart: Fischer.

LEINS, P. 2000: Blüte und Frucht, Aspekte der Morphologie, Entwicklungsgeschichte, Phylogenie, Funktion, Ökologie. Stuttgart, Schweizerbart.

LÜTTGE, U., KLUGE, M. & BAUER, G. 1988: Botanik: Ein grundlegendes Lehrbuch. Weinheim, Basel, Cambridge, New York: VCH.

MABBERLEY, D. J. 1989: The Plant-book. A portable dictionary of the higher plants. Reprinted with corrections 1990. Cambridge, New York u.a.: Cambridge Univ. Press.

NULTSCH, W. 1990: Allgemeine Botanik. 9. Aufl. Stuttgart: Thieme.

RAUH, W. 1950: Morphologie der Nutzpflanzen. 2. Aufl. Heidelberg: Quelle u. Meyer. Nachdruck 1994. [Mit einer allgemeinen Einführung in die Morphologie der Blütenpflanzen.]

RAUNKIAER, C. 1934: The life form of plants. Oxford.

RAVEN, P. H., EVERT, R. F. & CURTIS, H. 1988: Biologie der Pflanzen. 2. Aufl. Berlin, New York: De Gruyter. [Aus dem Amerikanischen übersetztes, reich illustriertes Lehrbuch der Botanik].

REMANE, A. 1956: Die Grundlagen des natürlichen Systems, der vergleichenden Anatomie und der Phylogenetik. 2. Aufl. Leipzig: Geest & Portig. Nachdruck: 1971, Koenigstein-Taunus: Koeltz.

ROHWEDER, O. & ENDRESS, P. K. 1983: Samenpflanzen. Morphologie und Systematik der Angiospermen und Gymnospermen. Stuttgart, New York: Thieme.

STRASBURGER, E. (Begr.): Lehrbuch der Botanik für Hochschulen. Neubearbeitet von Sitte, P., Ziegler, H., Ehrendorfer, F. & Bresinsky, A. 1999. 34. Aufl. Stuttgart, Jena, New York: Fischer. (Besonders die entsprechenden Abschnitte der Teile „Morphologie" bzw. „Systematik und Evolution".)

STEBBINS, G. L. 1974: Flowering plants. Evolution above species level. London: Arnold.

TAKHTAJAN, A. 1973: Die Evolution und Ausbreitung der Blütenpflanzen. Stuttgart: Gustav Fischer.

TROLL, W. 1954, 1957: Praktische Einführung in die Pflanzenmorphologie. 2 Bände. Jena: Fischer. (Reich illustriert, eingehende Besprechung auch mehrerer in diesem Buch behandelter Pflanzen.)

WALTER, H. 1984: Vegetation und Klimazonen. Grundriss der globalen Ökologie. 5. Aufl. Stuttgart: Ulmer.

WALTER, H. 1986: Allgemeine Geobotanik, 3. Aufl. Stuttgart: Ulmer.

WALTER, H. & BRECKLE, S.-W. 1983–1991: Ökologie der Erde. 4 Bände: 1. Ökologische Grundlagen in globaler Sicht; 2. Spezielle Ökologie in tropischen und subtropischen Zonen; 3. Spezielle Ökologie der gemäßigten und arktischen Zone Euro- und Nordasien; 4. Spezielle Ökologie der gemäßigten und arktischen Zone außerhalb Euro- und Nordasiens. Stuttgart, Jena, New York: Fischer.

WEBERLING, F. 1981: Morphologie der Blüten und Blütenstände. Stuttgart: Ulmer.

WEBERLING, F. & STÜTZEL, T. 1993: Biologische Systematik. Grundlagen und Methoden. Darmstadt: Wissenschaftliche Buchgesellschaft.

WEBERLING, F. & SCHWANTES, H. O. 1992: Pflanzensystematik – Einführung in die Systematische Botanik, Grundzüge des Pflanzensystems. 6. Aufl. Stuttgart: Ulmer. (UTB 62).

Floren, Atlanten, Bildbände und Bestimmungsliteratur

ADLER, W., OSWALD, K. & FISCHER, M. A. 1994: Exkursionsflora von Österreich. Stuttgart, Wien: Ulmer. (Enthält auch die wichtigsten kultivierten Gefäßpflanzen.)

AICHELE, D. & GOLTE-BECHTLE, M. 1991: Was blüht denn da? 54. Aufl. Stuttgart: Kosmos. [1200 nach der Blütenfarbe geordnete Abbildungen, enthält nur einen Teil der Arten unserer Flora!]

CASPER, S. J. & KRAUSCH, H.-D. 1980–1981: Pteridophyta und Anthophyta. 1. und 2. Teil. In: Ettl, H. J. Gerhoff & Heynig, H. (Hrsg.): Süßwasserflora von Mitteleuropa, Bd. 23 u. 24.

DÜLL, R. & KUTZELNIGG, H. 1994: Botanisch-ökologisches Exkursionstaschenbuch (5. Aufl.). Heidelberg, Wiesbaden: Quelle & Meyer. (Ohne Bestimmungsschlüssel, gibt bei vielen häufigen Arten Hinweise auf Blüten- und Ausbreitungsbiologie, Lebensraum usw.)

EHRENDORFER, F., GUTERMANN, W. & NIKLFELD, H. 1973: Liste der Gefäßpflanzen Mitteleuropas. 2. Aufl. Stuttgart: Fischer. (Gesamtverzeichnis der mitteleuropäischen Gefäßpflanzen nach seinerzeitigem Stand der Nomenklatur; Literaturhinweise für „kritische" Arten, ohne Bestimmungsschlüssel.)

FITSCHEN, J. 1994: Gehölzflora. Ein Buch zum Bestimmen der in Mitteleuropa wildwachsenden und angepflanzten Bäume und Sträucher. 10. Aufl., bearbeitet von Meyer, F. H., Hecker, U. E., Höster, H. R. & Schroeder, F.-G. Heidelberg, Wiesbaden: Quelle & Meyer. (Enthält nur einen Teil der Arten unserer Flora!)

GARCKE, A. 1972: Illustrierte Flora. Deutschland und angrenzende Gebiete. 23. Aufl. Herausg. von K. V. Weihe. Berlin und Hamburg: Parey.

GODET, J.-D. 1983: Knospen und Zweige der einheimischen Baum- und Straucharten. Bern u. Melsungen: Neumann-Neudamm. (Farbfotos und Schlüssel zum Bestimmen im unbelaubten Zustand, enthält nur einen Teil der Arten unserer Flora!)

GODET, J.-D. 1984: Blüten der einheimischen Baum- und Straucharten. Bern u. Melsungen: Neumann-Neudamm. (Enthält nur einen Teil der Arten unserer Flora!)

HAEUPLER, H. & SCHÖNFELDER, P. (Hrsg.) 1989: Atlas der Farn- und Blütenpflanzen der Bundesrepublik Deutschland. 2. Aufl. Stuttgart: Ulmer. (Verbreitungskarten).

HAEUPLER, H. & MUER, TH. 2000: Bildatlas der Farn- und Blütenpflanzen Deutschlands. Stuttgart: Ulmer.

HAEUPLER, H., JAGEL, A. & SCHUMACHER, W. 2002: Verbreitungsatlas der Farn- und Blütenpflanzen Nordrhein-Westfalens. LÖBF NRW (im Druck) (Verbreitungskarten).

HALLER, B. & PROBST, W. 1989: Botanische Exkursionen. Band I, Exkursionen im Winterhalbjahr. 2. Aufl. Stuttgart: Fischer. 1983. – Band II, Exkursionen im Sommerhalbjahr. 2. Aufl. Stuttgart: Fischer. (Enthält nur einen Teil der Arten unserer Flora!)

HAMANN, U. & WAGENITZ, G. 1977: Bibliographie zur Flora von Mitteleuropa. Eine Auswahl der neueren floristischen und vegetationskundlichen Literatur sowie allgemeiner Arbeiten über Geobotanik, Systematik, Morphologie, Anatomie, Zytologie, Biologie, Phytochemie, Geschichte, Namen, Verwendung und Schädlinge mitteleuropäischer Gefäßpflanzen. 2. Aufl. Berlin u. Hamburg: Parey. (U. a. mit Hinweisen auf Spezialfloren für die einzelnen Teilgebiete Mitteleuropas und auf die Standardfloren der anderen europäischen Länder, ohne Bestimmungsschlüssel.)

HEGI, G. (Begr.) 1909 ff. Illustrierte Flora von Mitteleuropa. 1. Aufl. in 13 Bänden, München 1906–1931, 2. (z. T. 3.) Aufl. seit 1936 im Erscheinen (Berlin u. Hamburg: Parey-Verlag; jetzt: Berlin, Oxford: Blackwell). (Vielbändiges Standardwerk mit ausführlichen Beschreibungen, Illustrationen, Angaben zur Verbreitung, Biologie, Verwendung, usw. sowie Literaturhinweisen über sämtliche Gefäßpflanzen Mitteleuropas; berücksichtigt auch Nutz- und Zierpflanzen, mit Bestimmungsschlüsseln.)

HESS, H. E., LANDOLT, H. & HIRZEL, H. 1976–1980: Flora der Schweiz und angrenzender Gebiete. 3 Bände. 2. Aufl. Basel u. Stuttgart: Birkhäuser. (Ausführliche Flora im Großformat, mit guten Zeichnungen fast aller Arten, auch der meisten in Deutschland vorkommenden. Die Bestimmungsschlüssel und ein Teil der Abbildungen sind 1976 auch getrennt erschienen).

HESS, H. E., LANDOLT, H. & HIRZEL, H. 1991: Flora der Schweiz und angrenzender Gebiete. Bestimmungsschlüssel. 3. Aufl. Basel u. Stuttgart: Birkhäuser.

HÖPPNER, H. & PREUSS, H. 1926: Flora des Westfälisch-Rheinischen Industriegebietes unter Einschluss der Rheinischen Bucht. Dortmund: Braun. (Nachdruck Duisburg 1971). (Mit Schlüsseln; auch viele vorübergehend im Industriegebiet eingeschleppte Fremdpflanzen werden behandelt.)

HUBBARD, C. E. 1985: Gräser. Beschreibung, Verbreitung, Verwendung. Aus dem Englischen übersetzt und bearbeitet von P. Boeker. 2. Aufl. Stuttgart:

Ulmer. (UTB 233). (Zeichnungen der meisten Arten, Taschenbuch.)

KLAPP, E. & OPITZ VON BOBERFELD, W. 1990: Taschenbuch der Gräser. 12., überarb. Aufl. Berlin u. Hamburg: Parey.

KORNECK, D., SCHNITTLER, M. & VOLLMER, I. 1996: Rote Liste der Farn- und Blütenpflanzen (Pteridophyta et Spermatophyta) Deutschlands. Schr.-R. f. Vegetationskde. **28**: 21–187.

LAUBER, K. & WAGNER, G. 1991: Flora des Kantons Bern. Bern u. Stuttgart: Paul Haupt. (1836 Farbfotos; Bestimmungsschlüssel, enthält nur einen Teil der einheimischen Flora.)

MARTENSEN, H. O. & PROBST, W. 1990: Farn- und Samenpflanzen in Europa. Mit Bestimmungsschlüsseln bis zu den Gattungen. Stuttgart, New York: G. Fischer (reich illustriert; mit Kapitel Grundlagen der Systematik.)

MEUSEL, H., JÄGER, E., RAUSCHERT, S. & WEINERT, E. (et al.) 1965–92: Vergleichende Chorologie der zentraleuropäischen Flora, Bände 1–3 (je ein Karten- und ein Textband). Jena und Stuttgart: Fischer.

MITCHELL, A. 1975: Die Wald- und Parkbäume Europas. (Aus dem Englischen übersetzt und bearbeitet von G. Krüssmann.) Berlin u. Hamburg: Parey.

OBERDORFER, E. 2001: Pflanzensoziologische Exkursionsflora. 8. Aufl. Stuttgart: Ulmer. (Umfasst Deutschland und angrenzende Gebiete der Schweiz und Österreichs. Mit ausführlichen pflanzensoziologischen und ökologischen Angaben, Taschenflora.)

POLUNIN, O. 1984: Bäume und Sträucher Europas. Aus dem Englischen übersetzt und bearbeitet von K. J. Lang. 3. Aufl. München: BLV Verlagsgesellschaft. (Zahlreiche Farbfotos und Zeichnungen).

ROTHMALER, W. (Begr.): Exkursionsflora von Deutschland. Spektrum Akademischer Verlag Heidelberg, Berlin. Band 2, Gefäßpflanzen: Grundband. Hrsg. von M. BÄSSLER, E. J. JÄGER & K. WERNER. 17. Aufl. 1999. (Moderne Flora mit Angaben zur Gesamtverbreitung, Soziologie und Biologie der einzelnen Arten. Band 3: Atlas der Gefäßpflanzen. Hrsg. von E. J. JÄGER, K. WERNER. 10. Aufl. 2000. (Wissenschaftl. Zeichnungen von 2814 Pflanzenarten.) Band 4: Kritischer Band. Hrsg. von E. J. JÄGER & K. WERNER, 9. Aufl. 2002. (Umfasst den 2. Band und erweitert ihn um die schwierig zu bestimmenden Kleinarten. Wichtig für alle eingehender an unserer Flora Interessierten, Taschenflora.)

RUNGE, F. 1990: Die Flora Westfalens. 3 Aufl. Münster: Westfälische Vereinsdruckerei. (Ohne Bestimmungsschlüssel, mit ausführlichen Fundortsangaben.)

SCHAUER, T. & CASPARI, C. 1982: Pflanzenführer. Über 1400 Pflanzenarten Deutschlands und der Nachbarländer, davon 1020 farbig. 3. Aufl. München: BLV Verlagsgesellschaft (Bestimmungsbuch, mit Farbzeichnungen.)

SCHMEIL, O. & FITSCHEN, J. 2000: Flora von Deutschland und angrenzender Länder. 91., neubearbeitete Aufl. von K. SENGHAS & S. SEYBOLD. Heidelberg: Quelle u. Meyer. (Umfasst auch die ehemals deutschen Ostgebiete, Dänemark, die Niederlande, Belgien, Luxemburg, die Schweiz, angrenzende Teile von Frankreich und Österreich, Taschenflora.)

SCHÖNFELDER; P. & SCHÖNFELDER, I. 1984: Der Kosmos-Heilpflanzenführer. Europäische Heil- und Giftpflanzen (mit 442 Farbfotos). Stuttgart: Franckh.

THOMMEN, E. & BECHERER, A. 1983: Taschenatlas der Schweizer Flora. 6. Aufl. bearbeitet von A. Antonietti. Basel usw.: Birkhäuser. (Gute Strichzeichnungen aller Arten der Schweiz, auch der meisten Arten Deutschlands. Wertvolle Ergänzung zu einem mit Schlüsseln versehenen Bestimmungsbuch, Taschenflora. Vgl. auch die „Schul- und Exkursionsflora für die Schweiz mit Berücksichtigung der Grenzgebiete", 18. Aufl. bearb. von C. HEITZ, Basel, 1986.)

TUTIN, T. G., HEYWOOD, V. H. u. a. 1964–1980, 1993: Flora Europaea. 5 Bände. Cambridge: University Press. (In englischer Sprache. Schlüssel, kurze Beschreibung Verbreitungsangaben für alle Gefäßpflanzen Europas, mit Bestimmungsschlüsseln.)

WEBER, H. E. 1995: Flora von Südwest-Niedersachsen und dem benachbarten Westfalen. Osnabrück: Wenner. (Bestimmungsbuch.)

WISSKIRCHEN, R. & HAEUPLER, H. 1998: Standardliste der Farn- und Blütenpflanzen Deutschlands. Stuttgart: Ulmer.

WOLFF-STRAUB, R. et al. 2000: Rote Liste der Farn- und Blütenpflanzen (Pteridophyta et Spermatophyta) in Nordrhein-Westfalen. 3. Fassung. Schr.-R. LÖBF **17**: 75–171.

Vegetation Mitteleuropas

ELLENBERG, H. 1996: Vegetation Mitteleuropas mit den Alpen in ökologischer, dynamischer und historischer Sicht. 5. Aufl. Stuttgart: Ulmer.

ELLENBERG, H. et al. 1991: Zeigerwerte von Pflanzen in Mitteleuropa. Scripta Geobot. **18**. Göttingen: E. Goltze.

DIERSCHKE, H. 1994: Pflanzensoziologie, Grundlagen und Methoden. Ulmer, Stuttgart. UTB.

POTT, R. 1993: Farbatlas Waldlandschaften. Stuttgart: Ulmer. 224 S.

POTT, R. 1995: Die Pflanzengesellschaften Deutschlands. 2. Aufl. Stuttgart: Ulmer. 622 S.

RUNGE, F. 1990: Die Pflanzengesellschaften Mitteleuropas. Eine kleine Übersicht. 10./11. Aufl. Münster: Aschendorff.

WILMANNS, O. 1993: Ökologische Pflanzensoziologie. 5. Aufl. Heidelberg: Quelle u. Meyer (UTB 269).

Herbartechnik und Anleitungen zu Geländebeobachtungen bzw. zur Pflanzenbestimmung

BERGMEIER, E. 1992: Grundlagen und Methoden floristischer Kartierung in Deutschland. Florist. Rundbr. Beih. 2.

BRIDSON, D. & FOREMAN, L. 1998: The Herbarium Handbook. 3. Aufl., Royal Botanic Gardens, Kew UK.

BUTTLER, K. P. 1983: Mein Hobby: Pflanzen kennenlernen. Botanisieren und Geländebeobachtungen. München: BLV Verlagsgesellschaft. (BLV-Führer 130/131). (Anleitung zum Pflanzenbestimmen, zum Anlegen eines Herbars, zu Vegetationsaufnahmen, zur floristischen Kartierung u. a.)

WEBER, H. E. 1977: Eine Methode zum raschen und festkonservierenden Trocknen von Herbarexemplaren. Göttinger Florist. Rundbr. **11**(4): 85–88.

Wörterbücher

BÖRNER, F 1989: Taschenwörterbuch der botanischen Pflanzennamen. 4. Aufl. Bearbeitet von G. Künkel. Berlin und Hamburg: Parey.

NATHO, G., MÜLLER C. & SCHMIDT, H. 1990: Morphologie und Systematik der Pflanzen. (2 Bände). Stuttgart, New York: G. Fischer (UTB; in der Reihe: Wörterbücher der Biologie).

SCHUBERT, R. & WAGNER, G. 1993: Botanisches Wörterbuch. Pflanzennamen und botanische Fachwörter. 11. Aufl. Stuttgart: Ulmer. (UTB 1476).

WAGENITZ, G. 1996: Wörterbuch der Botanik. Die Termini in ihrem historischen Zusammenhang. Stuttgart: Fischer.

ZANDER, R. 2000: Handwörterbuch der Pflanzennamen. 16. Aufl. bearbeitet von W. Erhardt, E. Götz, N. Bödeker & S. Seybold. Stuttgart: Ulmer.

Sachregister